아이앤아이 영재교육원 대비

# 꾸러미 120제

## 과학

초6~중등

# 영재교육원 대비를 위한 ...

영재란, 재능이 뛰어난 사람으로서 타고난 잠재력을 개발하기 위해 특별한 교육이 필요한 사람이고, 영재교육이란, 영재를 발굴하여 타고난 잠재력을 개발할 수 있도록 도와주는 것이다.

영재교육에 관해 해가 갈수록 관심이 커지고 있지만, 자녀를 영재교육원에 보내는 방법을 정확하게 알려주는 교재는 많지 않다. 또한, 영재교육원에서도 정확한 기준 없이 문제를 내기 때문에 영재교육원을 충분하게 대비하기는 쉽지 않다. 영재교육원 선발 시험 문제의 30% ~ 50% 가 실생활에서의 경험을 근거로 한 문제로 구성된다. 그런데 어디서 쉽게 볼 수 있는 문제는 아니므로 기출문제를 공부할 필요가 있다. 기출문제 풀이가 시험 대비의 정답은 아니지만, 유사한 문제들을 많이 접해보면서 새로운 문제를 보았을 때, 당황하지 않고, 문제의 실마리를 찾아서 응용하는 연습을 하는 것이다. 창의력 문제들을 해결하기 위해서는 본 교재를 통한 충분한 연습이 필요할 것이다.

'영재교육원 대비 꾸러미 120제 수학, 과학' 은 '영재교육원 대비 수학·과학 종합대비서 꾸러미' 에 이어서 학년별 풍부한 문제를 수록하고 있다. 영재교육원 영재성 검사(수학/과학 분리), 새롭고 신유형의 창의적 문제 해결력 평가, 심층 면접 평가 등으로 구성되어 있어 충분한 창의적 문제 해결 연습이 가능하다. 또한, 실제 생활에서 나타날 수 있는 다양한 현상과 이론을 실전 문제와 연계해 여러 방향으로 해결할 수 있어 영재교육원 모든 선발 단계를 대비할 수 있도록 하였다.
혼자서 해결할 수 없는 문제는 해설을 통하여 생각의 부족한 부분을 채우고, 다른 방법을 유추하여 해결할 수 있도록 도와준다.

'영재교육원 수학·과학 종합대비서 꾸러미' 와 '꾸러미 120제', ' 꾸러미 48제 모의고사' 를 통해 영재교육원을 대비하는 아이들과 부모님에게 새로운 희망과 열정이 솟는 시작점이 되길 바라며, 내재한 잠재력이 분출되길 기대해 본다.

무한상상

# 영재교육원에서 영재학교까지

## 01. 영재교육원 대비

영재교육원 대비 교재는 '영재교육원 대비 수학·과학 종합서 꾸러미', 꾸러미 120제 수학 과학, 꾸러미 48제 모의고사 수학 과학, 학년별 초등 아이앤아이(3·4·5·6학년), 중등 아이앤아이(물·화·생·지)(상,하) 등이 있다. 각자 자기가 속한 학년의 교재로 준비하면 된다.

[초등대상 영재교육원 지원자]

| | | | | |
|---|---|---|---|---|
| 꾸러미 1·2·3학년 | + | 꾸러미 120제 초등1~3<br>꾸러미 48제 모의고사 | + | 아이앤아이 초3, 과학도서 |
| 꾸러미 4·5학년 | + | 꾸러미 120제 초등4~5<br>꾸러미 48제 모의고사 | + | 아이앤아이 초4,5, 과학도서 |
| 꾸러미 6학년 | + | 꾸러미 120제 초6~중등<br>꾸러미 48제 모의고사 | + | 아이앤아이 초6, 과학도서 |

[중등대상 영재교육원 지원자]

| | | | | |
|---|---|---|---|---|
| 꾸러미 중등 | + | 꾸러미120제 초6~중등<br>꾸러미 48제 모의고사 초6~중등 | + | 과목별 중등 아이앤아이<br>과학도서 |

## 02. 영재학교/과학고/특목고 대비

영재학교/과학고/특목고 대비 교재는 세페이드 1F(물·화), 2F (물·화·생·지), 3F (물·화·생·지), 4F (물·화·생·지), 5F(마무리), 중등 아이앤아이(물·화·생·지) 등이 있다.

| | 세페이드 1F | 세페이드 2F | 세페이드 3F | 세페이드 4F | 세페이드 5F | | |
|---|---|---|---|---|---|---|---|
| 현재 5·6학년 | 주 1~2회<br>6~9개월 과정 | 주 2회<br>9개월 과정 | 주 3회<br>8~10개월 과정 | 주 3회<br>6개월 과정 | 주 4회<br>2~3개월 과정 | +중등<br>아이앤아이<br>(물·화·생·지) | ···> 총 소요시간<br>31~36개월 |
| 현재 중 1학년 | | 주 3회<br>6개월 과정 | 주 3회<br>8개월 과정 | 주 3회<br>6개월 과정 | 주 3~4회<br>3개월 과정 | +중등<br>아이앤아이<br>(물·화·생·지) | ···> 총 소요시간<br>약 24개월 |
| 현재 중 2학년 | | 3개월 과정 | 4개월 과정 | 4개월 과정 | 2개월 과정 | +중등<br>아이앤아이<br>(물·화·생·지) | ···> 총 소요시간<br>약 13개월 |

# 영재교육원은 어떤 곳인가요?

## 영재학급

초·중·고 각급 학교에서 대상자들을 선발하여 1개 학급 정도로 운영하는 영재반이다. 특별활동, 재량활동, 방과후, 주말 또는 방학을 이용한 형태로 운영되고 있으며, 각 학교 내에서 독자적으로 운영하거나 인근의 여러 학교가 공동으로 참여하여 운영하는 형태도 있다.

## 영재교육원

영재교육원은 크게 각 지역 교육청(교육지원청)에서 운영하는 경우와 대학 부설로 운영하는 경우가 있으며, 그 외에 과학고 부설로 운영하는 경우, 과학 전시관에서 운영하는 경우, 기타 단체 소속인 경우도 있다. 주로 방과후, 주말 또는 방학을 이용한 형태로 운영하고 있다.

| 영재 교육 기관 구분 | 선발 방법 | | 선발 시기 |
|---|---|---|---|
| | 방법 | GED 적용 | |
| 교육지원청 영재교육원 | 교사관찰·추천 | GED 적용 | 9월 ~ 12월 |
| 과학전시관 영재교육원 | | | |
| 단위 학교 영재 교육원(예술 분야 제외) | | | |
| 단위 학교 영재 학급(예술 분야) | | GED 미적용 | 3월 ~ 4월 |
| 단위 학교 영재 학급 | | | |
| 대학부설 및 유관기관 영재교육원 | | | 9월 ~ 이듬해 5월 |

| | 영재교육원 | | 영재학급 | 계 |
|---|---|---|---|---|
| | 교육청 | 대학부설 | | |
| 기관수 | 252 | 85 | 2,114 | 2,451 |
| 영재교육을 받고 있는 학생 수 | 33,640 | 10,272 | 58,472 | 102,384 |
| 영재교육을 받고 있는 학생 비율 | 30.8% | 9.4% | 53.5% | 93.7% |

▲ 영재교육 기관 현황

## 영재교육 대상자 선발

영재 선발 방법은 어느 수준의 영재를 교육 대상으로 설정하느냐가 모두 다르기 때문에 영재 교육 기관(영재학교, 영재학급, 영재교육원)에 따라 선발 방법이 조금씩 다르다. 교육청 영재교육원에서만 한국교육개발원에서 개발한 영재행동특성 체크리스트(영재성 검사)를 이용하고, 다른 기관에서는 영재성 검사 도구를 자체 개발하여 선발에 사용한다.

# **영재교육원**의 **선발**은 어떻게 진행되나요?

## GED(Gifted Education Database) 시스템

홈페이지 주소 : http://ged.kedi.re.kr

GED란 국가차원에서 영재의 선발·추천 및 영재 교육에 관련된 자료를 관리하기 위한 데이터 베이스이다. GED 사이트를 통해서 학생들은 영재교육 기관에 지원하고, 교사들은 학생을 추천하며, 영재교육기관에서는 이들을 선발한다.

## GED를 활용한 선발 과정(표준선발안)

| 단계 | 세부 내용 | 담당 | 기관 |
|---|---|---|---|
| 지원 | 지원서 작성 : 학생이 GED 시스템에서 온라인 지원<br>① GED 회원 가입 후 영재교육기관 선택<br>② 지원서 작성 및 자기체크리스트 작성 | 학생/<br>학부모 | 학생/<br>학부모 |
| 추천 | – 담임 교사가 GED 시스템에서 담당 학생의 체크리스트 작성<br>– 학교추천위원회에서 명단 확인 및 추천 | 담임/<br>추천 위원회 | 소속 학교 |
| 창의적 문제 해결력 평가 | 각 영재교육기관에서 진행하는 창의적 문제 해결력 평가<br>① 대상 : GED를 통한 학교추천위원회 추천자 전원<br>② 미술, 음악, 체육, 문예 분야는 실기 평가 포함 | 평가위원 | 영재교육기관 |
| 면접 평가 | 각 영재교육기관에서 진행하는 심층 면접 평가 | 평가위원 | 영재교육기관 |

★ 대학부설 영재교육원은 GED를 이용하여 학생을 선발하지 않고 별도의 선발 과정을 거친다.

## GED 시스템 선발 흐름도

**학생**

· 온라인 지원서 작성(GED)
· 창의인성 체크리스트 작성 (GED)
· 지원서 출력 후 담임께 제출

→

**교원**

· 담임반 학생 지원서 취합 (GED)
· GED 명단 확인
· 영재행동특성 체크 리스트 작성 (GED)
· 학생 추천 (GED)

→

**학교추천위원**

· 학교 추천자 명단 확인 (GED)
· 담임 교사의 체크 리스트 확인 (GED)
· 학생 추천 여부 심의 및 추천 (GED)

→

**영재교육기관**

· 학생 추천 자료 검토 (GED)
· 창의적 문제 해결력 평가 실시
· 심층 면접 평가 실시
· 자료를 종합하여 최종 선발

# 영재교육원의 선발은 어떻게 진행되나요?

## 선발 방식의 이해

1단계는 교사 추천, 2단계는 영재성 검사에 의한 선별, 3단계에서는 창의적 문제 해결력 평가(영역별 학문적성검사) 실시, 최종 단계에서는 심층 면접을 통해서 선발하고 있다.

| 단계 | 특징 |
|---|---|
| 관찰 추천 | 교사용 영재행동특성 체크리스트, 각종 산출물, 학부모 및 자기소개서, 교사 추천서등을 활용하여 평가하는 단계 |
| 창의적 문제 해결력 평가 | 창의성, 언어, 수리, 공간 지각에 대한 지적 능력을 평가하는 단계로 정규 교육 과정상의 내용에 기반을 두면서 사고 능력과 창의성을 측정하는 것을 기본 방향으로 한다. |
| 심층 면접 | 이전 단계에서 수집된 정보로 확인된 학생의 특성을 재검증하고, 심층적으로 파악하는 단계로 예술 분야는 실기를 하거나 수학이나 과학에 대한 실험 평가를 할 수도 있다. |

### 각 소재 지역별 영재교육원 선발 과정

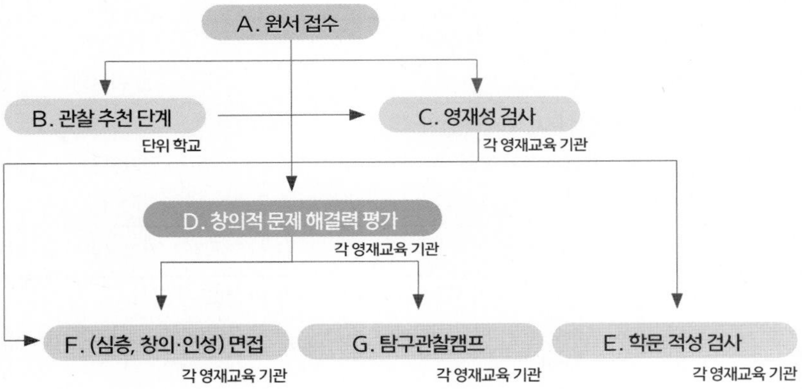


| 소재 지역 | 선발 과정 |
|---|---|
| 서울, 경기 | A→B→D→F |
| 충남 | A→B→C |
| 전남 | A→D→F |
| 목포 | A→D→G |
| 경남 | A→C→D→F |
| 경북 | A→B→C→D→F |
| 세종, 부산 | A→B→C |
| 강원도, 광주, 전북, 충북 | A→C→F |

### 심층 면접 과정의 예

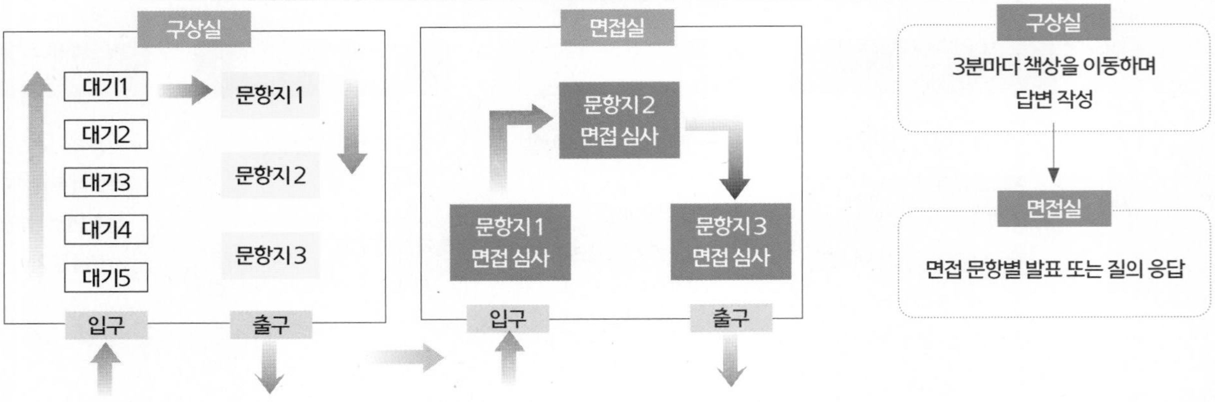


★ 각 지역별로 선발 과정이 다르므로 반드시 해당 영재교육원 모집 공고를 확인해야 한다.

★ 동일 교육청 소속 영재 교육원은 중복 지원할 수 없으며, 대학부설 영재교육원 합격자는 교육청 소속의 영재교육원에 중복 지원할 수 없다.

# 각 선발 단계를 **준비하는 방법**

## 교사 추천

교사는 평소 학교생활이나 수업시간에 학생의 심리적인 특성과 행동을 관찰하여 학생의 영재성을 진단하고 평가한다. 특히, 창의성, 호기심, 리더십, 자기주도성, 의사소통 능력, 과제집착력 등을 평가한다. 따라서 교사 추천을 받기 위한 기본적인 내신 관리를 해야 하며 수업태도, 학업성취도가 우수하여야 한다. 교과 내용의 전체 내용을 이해하고 문제를 통해 개념을 정리한다. 이때 개념을 오래 고민하고, 깊이 있게 이해하여 스스로 문제를 해결하는 능력을 키운다.

수업시간에는 주도적이고, 능동적으로 수업에 참여하고, 과제는 정해진 방법 외에도 여러 가지 다양하고 새로운 방법을 생각하여 수행한다. 수업 외에도 흥미를 느끼는 주제나 탐구를 직접 연구해 보고, 그 결과물을 작성해 놓는다.

## 영재성 검사

잠재된 영재성에 대한 검사로, 영재성을 이루는 요소인 창의성과 언어, 수리, 공간 지각 등에 대한 보통 이상의 지적 능력을 측정하는 문항들을 검사지에 포함시켜 학생들의 능력을 측정한다. 평소 꾸준한 독서를 통해 기본 정보와 새로운 정보를 얻어 응용하는 연습으로 내공을 쌓고, 서술형 및 개방형 문제들을 많이 접해 보고 논리적으로 답안을 표현하는 연습을 한다. 꾸러미시리즈에는 기출문제와 다양한 영재성 검사에 적합한 문제를 담고 있으므로 풀어보면서 적응하는 연습을 할 수 있다.

## 창의적 문제 해결력(학문적성 검사)

잠재된 영재성에 대한 검사로, 영재성을 이루는 요소인 창의성과 언어, 수리, 공간 지각 등에 대한 보통 이상의 지적 능력을 측정하는 문항들을 검사지에 포함시켜 학생들의 능력을 측정한다. 평소 꾸준한 독서를 통해 기본 정보와 새로운 정보를 얻어 응용하는 연습으로 내공을 쌓고, 서술형 및 개방형 문제들을 많이 접해 보고 논리적으로 답안을 표현하는 연습을 한다. 꾸러미시리즈에는 기출문제와 다양한 영재성 검사에 적합한 문제를 담고 있으므로 풀어보면서 적응하는 연습을 할 수 있다.

## 심층 면접

심층 면접을 통해 영재 교육 대상자를 최종 선정한다. 심층 면접은 영재 행동특성 검사, 포트폴리오 평가, 수행평가, 창의인성검사 등에서 제공하지 못하는 학생들의 특성을 역동적으로 파악할 수 있는 방법이고, 기존에 수집된 정보로 확인된 학생의 특성을 재검증하고, 학생의 특성을 심층적으로 파악하는 과정이다. 이 단계에서 예술 분야는 실기를 실시할 수도 있으며, 수학이나 과학에 대한 실험을 평가하는 등 각 기관 및 시도교육청에 따라 형태가 달라질 수 있다.

면접에서는 평소 관심 있는 분야나 자기 소개서, 창의적 문제 해결력 문제의 해결 과정에 대해 질문할 가능성이 높다. 따라서 평소 자신의 생각을 논리적으로 표현하는 연습이 필요하다. 단답형으로 짧게 대답하기 보다는 자신의 주도성과 진정성이 드러나도록 자신있게 이야기하는 것이 중요하다. 자신이 좋아하는 분야에 대한 관심과 열정이 드러나도록 이야기하고, 평소 육하원칙에 따라 말하는 연습을 해 두면 많은 도움이 된다.

# 이 책의 구성과 특징

'영재교육원 대비 꾸러미120제' 는 영재교육원 선발 방식, 영재성 평가, 창의적 문제 해결력 평가, 학문적성 검사, 심층 면접의 각 단계를 풍부한 컨텐츠로 평가합니다. 자기주도적인 학습으로 각 단계를 경험해 보세요.

## PART 1. 영재성 검사

영재성 검사 영역을 1. 일반 창의성 2. 언어/추리/논리 3. 수리논리 4. 공간/도형/퍼즐 5. 과학 창의성 으로 나누었습니다.
'꾸러미 120제 수학' 에서는 2. 언어/추리/논리, 3. 수리논리 4. 공간/도형/퍼즐 세가지 영역의 문제를 내고 있고,
'꾸러미 120제 과학' 에서는 1. 일반 창의성 2. 언어/추리/논리 5. 과학 창의성 세가지 영역의 문제를 내고 있습니다.

## PART 2. 창의적 문제해결력 과학

각 선발시험의 기출문제를 기반으로 하고, 신유형 / 창의 문제를 추가하여 단계별로 문제를 구성하였고 문제별로 상, 중, 하 난이도에 따라 점수 배분을 다르게 하고 스스로 평가할 수 있게 하여 단원 말미에 성취도를 확인할 수 있습니다.

## PART 3. STEAM / 심층면접

과학(S), 기술(T), 공학(E), 예술(A), 수학(M)의 융합형 문제를 출제하여 복합적으로 사고할 수 있도록 하였고, 영재교육원의 면접방식에 따른 기출문제로 면접 유형을 익히고 서술 연습을 할 수 있도록 하였습니다.

# CONTENTS
차례

꾸러미 120제

Part 1

# 영재성 검사

# 1 영재성 검사 일반 창의성

**01.** 공을 이용하는 스포츠인 구기 종목 중에서 축구, 농구, 야구는 가장 인기가 많은 스포츠이다. 축구공과 농구공, 야구공은 모양이 둥글다는 점 이외에 서로 어떤 공통점을 가지는지 최대한 많이 써 보시오. [4 점]

- ☑ 유창성
- ☑ 융통성
- ☐ 독창성
- ☐ 정교성

예시 답안 / 평가표 ··········> P. 2

대회 기출 유형

**02.** 복잡한 놀이공원이나 백화점에서는 부모가 아이를 잃어버리는 경우가 많다. 부모가 아이를 잃어버리지 않는 방법을 제시하시오. [4 점]

- ☐ 유창성
- ☑ 융통성
- ☑ 독창성
- ☐ 정교성

대회 기출 유형

**03.** 고추와 무가 서로 자기가 더 사람에게 유익하다고 싸우고 있다. 먼저, 고추의 입장이 되어 주장을 펼친 다음 무의 입장이 되어 고추의 주장을 반박해 보시오. [5 점]

- [ ] 유창성
- [x] 융통성
- [ ] 독창성
- [ ] 정교성

| | 고추 | 무 |
|---|---|---|
| 주장 | | |

예시 답안 / 평가표 ········> P. 3

**04.** 다음 그림이 어떤 상황을 나타내고 있는지 <보기> 의 단어 중 2 가지 이상을 골라 상황에 대한 문장을 만들어 보시오. [6 점]

- ☐ 유창성
- ☑ 융통성
- ☐ 독창성
- ☑ 정교성

**보기**

어린이 과학자 엄마 슈퍼마켓 조용한 시골 핸드폰 소방관 경찰관 TV 컴퓨터

대회 기출 유형

**05.** 옛날에 글을 쓰지 못하는 노인 부부가 서로 멀리 떨어져서 살고 있었다. <보기> 와 같이 할머니가 할아버지에게 엑스 표시를 한 말 두 마리와 소 다섯 마리를 그린 편지를 보냈다. 그랬더니 할아버지가 집과 엑스 표시를 한 새를 그려 답장을 보내왔다. 이 할머니와 할아버지가 주고 받은 편지 내용이 무엇일지 자유롭게 써 보시오. [5 점]

- ☐ 유창성
- ☐ 융통성
- ☑ 독창성
- ☑ 정교성

보기

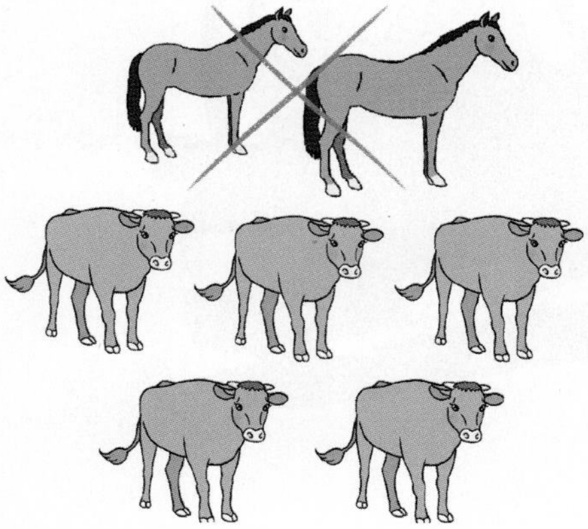

▲ 할머니가 쓴 편지

▲ 할아버지가 쓴 편지

☑유창성
☑융통성
☐독창성
☐정교성

**06.** 토끼와 거북이 우화에서 그 둘은 달리기 시합을 하게 된다. 토끼는 처음에 자신이 너무 빨라 당연히 이길 것이라고 생각하여 낮잠을 자게 되는데, 낮잠에 빠져있는 동안 거북이는 토끼를 추월하여 이기게 된다. 이 우화에서는 토끼와 거북이를 주인공으로 하여 그들의 행동을 통해서 교훈을 주고 있다. 토끼와 거북이는 어떤 사람이라고 이야기할 수 있을까? 토끼와 거북이에 대해 성격적 특성을 나타내는 단어를 사용하여 각각의 성격을 써 보시오. (많이 쓸수록 점수는 높아진다.) [5 점]

| 토끼 | 거북이 |
| --- | --- |
| 예시 ) 성급함 | 예시 ) 꾸준함 |

## 07. 다음 글을 읽고 물음에 답하시오.

☐ 유창성
☑ 융통성
☐ 독창성
☑ 정교성

영상분석가들은 블랙박스에 찍힌 영상을 분석해 사고 정황을 판단한다. 한 예로 어두운 밤 고속도로에서 SUV 차량이 트럭의 뒷부분을 들이받은 사고가 있었다. 영상분석가들이 트럭의 블랙박스의 영상을 보고 운전자가 핸들을 얼마큼 꺾었는지, 얼만큼의 속도로 달려오고 있었는지를 판단했다. 또한, 운전자의 핸들 방향과 차의 속도를 보고 운전자가 졸음 운전을 했는지도 가려냈다.

**어두운 밤 고속도로에서 찍힌 블랙박스 영상을 통해 자동차의 속도와 방향을 어떻게 알 수 있을지 쓰고, 졸음 운전의 여부는 어떻게 판단할지 설명하시오. [6 점]**

대회 기출 유형

## 08. 다음 글을 읽고 물음에 답하시오.

☑ 유창성
☐ 융통성
☐ 독창성
☑ 정교성

고대 벽화를 통해 우리는 그 시대의 생활 모습, 역사적 사실 등을 추측해 볼 수 있다. 아래의 그림은 고대 이집트의 벽화 중 하나이다. 이집트 벽화에는 여러 가지 동물들이 그려져 있기도 하고, 이집트인들이 생각하는 사후 세계의 모습이 그려져 있기도 하다.

위 그림의 장소는 어디일지, 그림에 나오는 세 사람은 어떤 관계이며 무엇을 하고 있는 것일지 쓰시오. [5 점]

대회 기출 유형

**09.** 우리나라에 살고 있는 꿀벌은 꽃이 많이 피어 있는 계절에는 수술의 꽃가루를 암술로 나르는 것을 도와주면서 꽃가루와 꿀을 얻는다. 꽃이 없는 겨울에는 벌집에 모아둔 꿀을 아껴 먹으면서 살아남는다. 만약에 우리나라에 살던 꿀벌을 추운 겨울이 없는 열대 지방에 옮겨 풀어 놓는다면 꿀벌의 생활 방식이나 생김새 등이 어떻게 달라질지 3 가지 이상 써 보시오. [6 점]

- ☑ 유창성
- ☑ 융통성
- ☐ 독창성
- ☐ 정교성

교육청 영재교육원 기출

## 10. 다음을 읽고 물음에 답하시오.

☑ 유창성
☐ 융통성
☐ 독창성
☐ 정교성

사람들은 모두 경쟁을 합니다. 학생은 좋은 성적을 받기 위해, 회사원은 승진하기 위해 경쟁을 합니다. 경쟁이 없다면 발전도 없을 것입니다. 경쟁을 통해 남보다 더 나아지려고 하기 때문입니다. 이와 마찬가지로 동물도 영토와 먹이를 차지하기 위해 경쟁을 합니다.

**움직이지 않고 한 자리에 서 있는 나무와 풀은 무엇을 위해 경쟁을 할지 3 가지 이상 쓰고, 왜 그렇게 생각하는지 설명하시오. [4 점]**

대회 기출 유형

**11.** 사람의 혈관을 고속도로에 비유하고 모세혈관은 지방도로에 비유한다면 신경은 무엇에 비유할 수 있을지 쓰고 설명하시오. [5 점]

☑ 유창성
☐ 융통성
☐ 독창성
☑ 정교성

대회 기출 유형

**12.** 시계바늘은 항상 한쪽 방향으로만 돌아가게 되어 있다. 왜 한쪽 방향으로만 돌아가게 만들었을지 이유를 생각해서 쓰시오. [4 점]

☐ 유창성
☐ 융통성
☑ 독창성
☑ 정교성

예시 답안 / 평가표 ·········> P. 7

영재교육원 기출 유형

# 13. 다음 물음에 답하시오. [4 점]

- [x] 유창성
- [x] 융통성
- [ ] 독창성
- [ ] 정교성

(1) 바퀴 2 개와 안장이 있는 물건을 찾고, 그 물건의 장점을 쓰시오. [1 점]

(2) 바퀴 2 개와 안장을 추가하면 좋을 물건을 찾고, 왜 좋은지 이유를 쓰시오. [3 점]

교육청 영재교육원 기출

**14.** 다음은 서로 다른 두 주전자의 사진이다. 물음에 답하시오.

□ 유창성
☑ 융통성
☑ 독창성
□ 정교성

(가)

(나)

(가) 와 (나) 두 주전자의 적합한 용도를 3 가지 이상 제시하고, 그렇게 생각한 이유를 쓰시오. [4 점]

**15.** 다음 그림은 어느 회사가 사탕을 광고하는 그림이다. 이 그림과 연관 지어 사탕을 광고하는 문장을 만들어 보시오. [5 점]

□ 유창성
☑ 융통성
☑ 독창성
□ 정교성

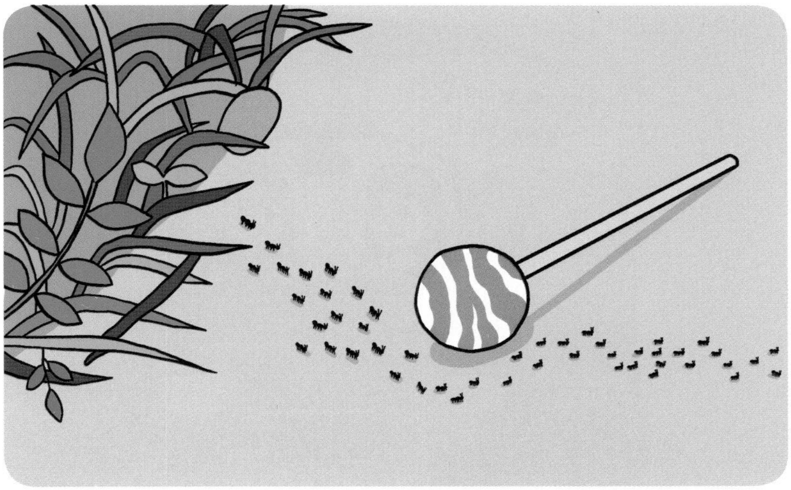

대회 기출 유형

**16.** 운전을 배우기 위해 운전면허 학원에 등록하는 사람들은 매우 다양하다. 특정 직업을 가진 사람은 운전을 가르치기가 어렵다고 하는데, 운전을 가르치는 강사는 어떤 직업을 가진 사람에게 운전을 가르치지가 어려울까? 그 직업이 무엇일지 쓰고, 이유도 설명해 보시오. [4 점]

- ☐ 유창성
- ☑ 융통성
- ☐ 독창성
- ☐ 정교성

교육청 영재교육원 기출

## 17. 다음 글을 읽고 물음에 답하시오.

- [ ] 유창성
- [ ] 융통성
- [x] 독창성
- [x] 정교성

식물들은 동물처럼 음식을 찾기 위해 이리저리 옮겨 다니지 않아도 됩니다. 식물은 광합성을 할 수 있기 때문이지요. 식물의 잎 속에는 녹색의 엽록소가 있는데, 이산화 탄소와 물 그리고 태양 빛만 있으면 스스로 영양분을 만들어 낼 수 있습니다.

**만약 인간과 동물의 피부에서 광합성이 일어날 수 있도록 한다면 어떤 일이 벌어질지 2 가지 이상 쓰시오.** [4 점]

## 18. 스컹크는 적이 가까이 다가오면 지독한 냄새를 내뿜어 자신을 보호한다. 스컹크를 위협하려는 동물들이 이러한 스컹크에 반격할 수 있는 방법에는 무엇이 있을지 2 가지 이상 써 보시오. [4 점]

- [ ] 유창성
- [x] 융통성
- [x] 독창성
- [ ] 정교성

영재교육원 기출

**19.** 다음 제시된 사물 중 2 가지 이상을 결합하여 새로운 사물 5 가지를 만들고, 기능을 쓰시오. [6 점]

☑ 유창성
☐ 융통성
☑ 독창성
☑ 정교성

**20.** 다음 비닐봉지와 새싹의 사진을 공익광고 포스터에 실을 예정이다. 사진을 통해 말하고자 하는 것이 무엇일지 생각해 보고, 그림의 주제를 표어 형식으로 포스터에 실을 수 있도록 쓰시오. [6 점]

- ☐ 유창성
- ☐ 융통성
- ☑ 독창성
- ☑ 정교성

# 1 영재성 검사 언어 / 추리 / 논리

교육청 영재교육원 기출

**01.** 신호등의 빨간불은 정지 신호, 노란불은 주의 혹은 준비 신호, 초록불은 출발 신호, 화살표 모양의 초록불은 화살표 방향으로 출발하라는 신호이다. 그 중에서 가장 중요하다고 생각하는 신호가 무엇인지 쓰고, 그 이유를 논리적으로 설명하시오. [4 점]

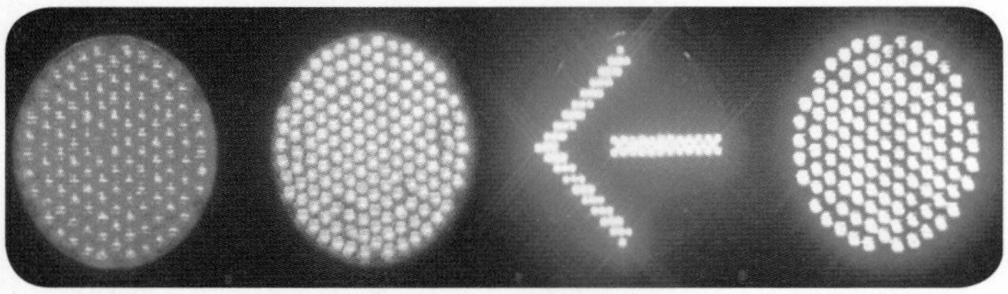

대회 기출 유형

**02.** 길을 걷다 보면 가로등과 네온사인을 볼 수 있다. 이 둘의 공통점과 차이점을 써보고, 사람을 가로등과 네온사인에 비유했을 때 '가로등 같은 사람' 과 '네온사인 같은 사람' 은 각각 어떤 사람일지 설명하시오. [5 점]

· 공통점 :

· 차이점 :

· 가로등 같은 사람 :

· 네온사인 같은 사람 :

# CREATIVE THINKING!

예시 답안 / 평가표 ⋯⋯⋯> P. 13

**03.** 다음 <보기> 와 같이 주어진 두 개의 단어를 사용하여 괄호 속의 빈칸 두 개를 알맞게 채워 넣고, 마지막 빈칸에는 동사를 마음대로 사용하여 문장을 완성하시오. (단, 단어의 순서는 상관없이 사용할 수 있다. 문장을 1 개 이상 완성할수록 점수는 높아진다.) [6 점]

보기

물, 불 → ( 불 )을 사용하여, ( 물 )을 ( 가열한다 ).

바람, 돌 → (            ) 을 사용/이용하여, (            ) 을 (            ).

바람, 돌 → (            ) 을 사용/이용하여, (            ) 을 (            ).

바람, 돌 → (            ) 을 사용/이용하여, (            ) 을 (            ).

대회 기출 유형

**04.** 다음 <보기> 의 문장 중에 잘못됐다고 생각하는 문장을 모두 고르고, 그 이유를 설명하시오. [6 점]

보기

1. 거북이는 느림보다.　　2. 문 닫고 들어오너라.　　3. 여우같이 영리하다.

영재교육원 기출

**05.** 다음의 글은 개미, 미어캣, 두더지쥐의 생활 방식에 대한 설명이다. [5 점]

· 언제나 쉴 새 없이 움직이는 개미는 수십 마리에서 수백만 마리까지 한 집단을 이루며 산다. 먹이를 모아오고 애벌레를 키우며 집을 짓는 등의 일을 하는 일개미, 큰 턱을 이용해 적으로부터 무리를 지키고 먹이를 부수는 병정개미, 마지막으로 알을 낳아 번식을 하는 여왕개미로 각자의 역할을 나누어 함께 산다.

· 아프리카 사막의 미어캣은 새끼를 낳는 암컷과 새끼를 낳지 않는 암컷이 있다. 새끼를 낳지 않는 암컷은 새끼 미어캣을 키운다. 또한 낮에 햇볕을 쬘 때 두 발로 서서 주변을 살피는 보초서기를 서로 돌아가면서 한다. 보초를 서지 않는 미어캣은 사냥을 한다.

· 동아프리카의 '벌거숭이 두더지쥐' 는 최대 300 마리가 무리를 지어 산다. 새끼를 낳는 여왕, 땅굴에 침입하는 뱀과 같은 적에게 맞서는 군인, 하루 종일 굴을 파고 먹이를 구하는 일꾼으로 나누어 좁고 어두운 땅굴에서 살아간다.

**위 동물들에게서 배울 수 있는 점을 2 가지 이상 써보되, 각각을 한 문장으로 쓰시오.**

예시 답안 / 평가표 ·········> P. 15

**06.** 1 번 남녀 커플, 2 번 남녀 커플, 그리고 3 번 남녀 커플은 강으로 소풍을 갔다. 강에 나루터가 있어서 나룻배를 타고 강을 건너기로 했다. 다음 조건을 보고 물음에 답하시오. [5 점]

**보기**

ㄱ. 나룻배는 무한이와 친구들이 직접 노를 저어 타야하며, 한 나룻배에 최대 2 명만 탈 수 있다.

ㄴ. 여자는 육지 한 쪽에 혼자 남아있을 수 없다.

ㄷ. 여자는 자신의 남자 짝 없이 다른 남자가 있는 나룻배나 육지에 있을 수 없다.

ㄹ. 노를 저을 수 있는 사람은 총 3 명이다.

**나룻배로 강을 몇 번 건너야 여섯 명 모두 강을 건널 수 있을까?**

**07.** 다음 표의 각각 장소에 맞는 물건을 생각한 후, 왼쪽의 각 자음(ㄱ, ㄷ, ㅈ, ㅁ)으로 시작되는 물건을 1 가지 골라 표를 완성하시오. [6 점]

| | 부엌에서 사용하는 도구 | 과학실에서 사용하는 도구 | 미술실에서 사용하는 도구 | 운동할 때 사용하는 도구 |
|---|---|---|---|---|
| ㄱ | | | | |
| ㄷ | | | | |
| ㅈ | | | | |
| ㅁ | | | | |

예시 답안 / 평가표 ·········> P. 16

영재교육원 기출 유형

**08.** 무한이네 가족은 아빠, 엄마, 누나, 나 4 명이다. 4 명의 핸드폰은 서로 색과 모델명이 다르다. 가족들이 가지고 있는 핸드폰은 A ~ D 이다. 다음 <보기> 의 조건을 만족하는 가족들의 핸드폰 종류와 색상을 찾고, 표를 완성하시오. [5 점]

**보기**

ㄱ. 아빠의 핸드폰은 흰색이고, C 가 아니다.

ㄴ. A 는 검정색, 은색, 그리고 흰색이 아니다.

ㄷ. 무한이의 핸드폰은 B, C 가 아니다.

ㄹ. 1 개의 핸드폰의 색깔은 검정색이고, 외국 회사 제품이다.

ㅁ. 엄마는 금색의 핸드폰을 가지고 있다.

※ A 와 D 는 외국 회사 제품이다.

| | 핸드폰 종류 | 핸드폰 색상 |
|---|---|---|
| 아빠 | | |
| 엄마 | | |
| 누나 | | |
| 나 (무한) | | |

**09.** 다음 <보기> 는 엉뚱하기로 소문난 가족에 대한 내용이다. <보기> 를 읽고 물음에 답하시오.

보기

· 가족 중 남자들은 언제나 진실만 이야기한다.

· 가족 중 여자들은 한 문장씩 진실과 거짓을 번갈아가며 이야기한다.

지나가던 행인이 이 가족을 만나 아이에게 "너는 소년이니?"라고 물었을 때, 부모 중 한명은 아이가 "나는 소년이에요."라고 대답했다고 말했고, 부모 중 다른 한 명은 "아이는 거짓말을 했어요. 아이는 소녀에요."라고 말했다. 각각의 말을 부모 중 누가 했을지, 아이의 성별은 무엇인지, 그리고 아이는 부모님에게 소녀라고 했을까? 소년이라고 했을까? 정답을 찾아 다음 아래의 표를 완성하시오. [6 점]

| | |
|---|---|
| 아이가 "나는 소년이에요." 라고 대답했다고 말 한 사람 | |
| "아이는 거짓말을 했어요. 아이는 소녀에요." 라고 말 한 사람 | |
| 아이가 한 말 | |
| 아이의 성별 | |

CREATIVE THINKING!

예시 답안 / 평가표 ⋯⋯⋯> P. 18

대회 기출 유형

## 10. 다음은 이성계와 무학대사의 이야기이다. 다음 글을 읽고 물음에 답하시오. [5 점]

장군이던 이성계는 어느 날 묘한 꿈을 몇 가지나 꾸었다. 무슨 꿈인지 곰곰히 생각해 보아도 도무지 무슨 뜻인지 알 길이 없어 설봉산 토굴에서 공부 중인 스님 한 분이 꿈 해몽을 잘 한다는 이야기를 듣고 찾아갔다. 스님께 삼배를 올리고 이성계는 찾아온 사연을 밝혔다.

"이상한 꿈을 꾸었다구요? 거 어디 들어봅시다."

"어느 시골 마을을 지나는데 온 고을 닭들이 일제히 울어대더니 집집마다에서 방아 찧는 소리가 들렸습니다. 그리고는 하늘에서 꽃이 마치 비오듯 떨어져 내렸습니다. 다시 또 꿈은 이어져 저는 어느 집 헛간에 들어가서 서까래 세 개를 등에 짊어지고 나오다가 거울 깨지는 소리에 문득 꿈을 깨게 됐습니다. 무슨 불길한 징조는 아닌지요?"

"참으로 그런 꿈을 꾸었다면 함부로 발설해선 안될 꿈입니다."

스님은 은밀한 음성으로 말을 이었다.

"내 말을 잘 들으시오. 그 꿈은 아주 길몽입니다. 마을의 닭들이 일제히 울어댄 것은 '꼬끼오 꼬끼오' 한 것이니 이는 반드시 고귀한 자리에 오른다는 뜻이며 방아 찧는 소리는 귀하게 될 것을 축하하는 의미입니다. 또 헌 곳간에서 서까래 세 개를 가로졌으니 그 모양은 마치 임금 왕(王)자와 같지 않습니까."

스님의 말을 들은 이성계는 흥분된 마음을 숨길 수가 없었다. 그는 어느새 상기된 얼굴에 목소리는 떨리고 있었다.

"스님, 그럼 꽃이 떨어지고 거울이 깨진 것은 무엇을 뜻하는 것일까요?"

스님은 이성계의 얼굴을 쳐다보며 말했다.

"그것은 ______________________________ "

그 후 스님의 말처럼 이성계는 왕위에 오르게 되었다.

**이성계의 물음에 스님은 어떻게 대답했을지 밑줄 친 빈 칸에 들어갈 스님의 말을 쓰시오.**

# 1 영재성 검사 과학 창의성

영재교육원 기출

## 01. 다음 설피에 대한 내용을 읽고, 물음에 답하시오. [5 점]

☑유창성
☑융통성
☐독창성
☐정교성

설피는 눈이 많이 내리는 고장의 주민들이 겨울철에 신발 바닥에 덧대어 신는 물건이다. ㉠ 눈이 많이 쌓인 곳에서 설피가 덧대어진 신발을 신고 걸으면 눈에 잘 빠지지 않고 걸을 수 있다.

(1) ㉠ 의 현상을 과학적 원리로 설명하시오. [2 점]

(2) ㉠ 과 같은 과학적 원리가 적용된 실생활의 예를 3 가지 이상 제시하시오. [3 점]

예시 답안 / 평가표 ⋯⋯⋯> P. 21

영재교육원 기출

**02.** '생활 지수'란 날씨가 우리 생활에 어떤 영향을 미치는지를 나타낸 것이다. 온도, 습도에 의한 불쾌 지수도 그 중에 하나이며 지구 온난화, 미세 먼지가 원인이 되는 다양한 생활 지수가 있다.

- ☑ 유창성
- ☐ 융통성
- ☐ 독창성
- ☑ 정교성

우리 생활에 활용할 수 있는 생활 지수를 3 가지 이상 제시하고, 다음 예시와 같이 표의 빈칸을 완성하시오. [5 점]

| 생활 지수 | 높음 | 보통 | 낮음 |
|---|---|---|---|
| 예시) 산책 지수 | 기온이 적당해서 걷기에 좋을 때 높다. | 더워서 금방 지칠 때 보통이다. | 비가 와서 산책이 어려울 때 낮다. |
| | | | |
| | | | |
| | | | |
| | | | |

교육청 영재교육원 기출

**03.** 다음은 창덕궁의 인정전 건축 당시 총책임자와 관리인들의 대화 일부를 나타낸 것이다.

☑ 유창성
☐ 융통성
☐ 독창성
☑ 정교성

(가) 에 들어갈 수 있는 내용으로 소리와 빛을 다스릴 수 있는 방법을 각각 2 가지 이상 제시하시오. [6 점]

예시 답안 / 평가표 ··········> P. 23

영재교육원 기출 유형

**04.** 무한이는 가족들과 산에 올랐다. 나뭇잎에 앉아 있던 무당벌레에 한눈을 판 사이에 가족들과 떨어져 길을 잃었다. 무한이는 등산로 입구는 북쪽에 있다고 했던 아버지의 말이 어렴풋이 기억이 났다. 무한이가 아날로그 시계를 차고 있다면 산에서 북쪽 방향을 확인할 수 있는 방법을 설명해 보시오. [5 점]

- ☐ 유창성
- ☑ 융통성
- ☐ 독창성
- ☑ 정교성

**05.** 깊은 물 속에서 잠수하고 있던 잠수부가 갑자기 수면으로 올라오면 혈액 속에 녹아 있던 질소 기체가 기포로 발생하여 잠수병을 일으킬 수 있다. [5 점]

☑ 유창성
☐ 융통성
☐ 독창성
☑ 정교성

(1) 수면 위로 갑자기 올라올 때 혈액에 녹아 있던 질소 기체가 기포로 발생하는 이유를 쓰시오. [3 점]

(2) 혈액에 녹아 있던 질소 기체가 기포로 발생하는 것과 같은 현상을 쓰시오. [2 점]

예시 답안 / 평가표 ·········> P. 25

**06.** 다음 그림은 피부와 근육 사이에서 자극이 전달되는 경로를 나타낸 것이다. 그림을 보고 물음에 답하시오. [6 점]

☑유창성
☑융통성
☐독창성
☐정교성

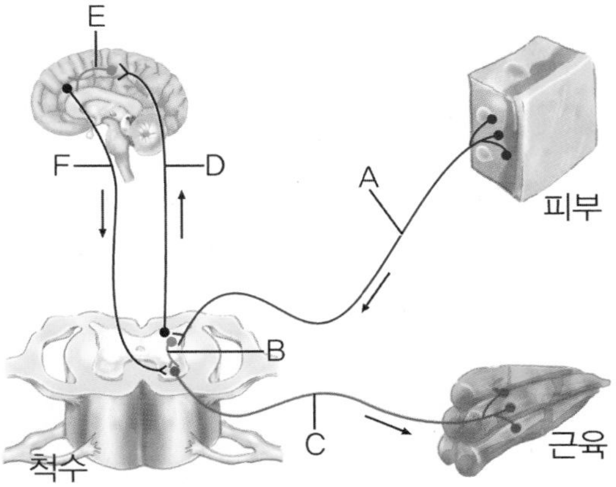


(1) 무한이는 친구들과 수영장에 놀러 갔다. 무한이는 물속에 들어가기 전에 물이 얼마나 차가운지 발만 살짝 물에 넣어 보았다. 물이 별로 차갑지 않다고 느낀 무한이는 물속으로 뛰어들어갔다. 무한이가 발을 물에 넣어 보고, 차갑지 않다고 느끼는 과정이 일어나는 동안 자극의 전달 경로를 순서대로 기호로 나타내시오. [3 점]

(2) 일상 생활에서 (1) 번과 같은 경로로 반응이 일어나는 예를 2 가지 이상 제시하시오. [3 점]

영재교육원 기출

## 07. 다음은 어느 라면 조리법의 일부를 나타낸 것이다.

☑유창성
☑융통성
☐독창성
☐정교성

[조리법]

1. 물 550 mL(종이컵 3 컵)를 넣고 끓인다.
2. 물이 끓기 시작할 때 면과 분말 스프, 후레이크를 함께 넣고 5 분간 더 끓인다.
3. 불을 끄고 조리된 라면을 그릇에 담아 맛있게 먹는다.

**위의 조리법으로 라면을 끓이는 과정에서 면발의 탄력을 달라지게 할 수 있는 방법을 3 가지 이상 쓰고, 각각에 대해 과학적인 이유를 설명해 보세요.** [5 점]

예시 답안 / 평가표 ·········> P. 26

교육청 영재교육원 기출

## 08. 다음 글을 읽고 물음에 답하시오.

☑유창성
☑융통성
☐독창성
☐정교성

우주쓰레기는 수명을 다한 인공위성과 위성을 쏘아 올리는데 사용한 로켓, 이들끼리 부딪쳐 발생한 파편 등을 말한다. 유럽우주국(ESA)에서는 지구 주변에 우주쓰레기가 약 2 억 개 정도 있을 것으로 추정하고 있다. 인공위성과 우주선이 우주쓰레기로 인한 충돌로 심각한 피해가 예상되고 있다.

**우주쓰레기를 줄일 수 있는 방안을 3 가지 이상 쓰시오. [5 점]**

영재교육원 기출

## 09. 다음 글을 읽고 물음에 답하시오.

☑유창성
☐융통성
☐독창성
☑정교성

절기상 입동인 내일은 전국적으로 비 소식이 예보되어 있습니다. 오전부터 내리는 비의 양은 5 ~ 10 mm 이고, 오후부터는 차차 맑아지겠습니다. 비가 내리고 난 뒤에는 북서쪽 고기압의 영향으로 찬 공기가 내려오면서 추워지겠습니다. 내일 서울의 아침 기온은 2 °C, 모레는 3 °C 까지 떨어지겠습니다.

**위에서 설명하는 계절에 적응하기 위해 나타나는 식물의 생물학적인 변화를 3 가지 이상 쓰시오. [5 점]**

영재교육원 기출

**10.** 다음은 경상남도의 '고성' 지역을 다녀온 영희와 철수의 대화이다. 철수가 짐작할 수 있는 화석 생성 당시의 환경 3 가지를 설명하시오. [6 점]

☐ 유창성
☑ 융통성
☐ 독창성
☑ 정교성

예시 답안 / 평가표 ·········> P. 28

대회 기출 유형

**11.** 열매는 식물이 수정한 후 씨방이 자라서 생기는 것으로, 속에 씨가 들어 있다. 다음 <보기> 는 열매인 토마토와 호두의 사진이다. 두 열매의 생김새가 어떻게 다른지 말해보고, 각 생김새의 장점을 써 보시오. [5 점]

- ☐ 유창성
- ☑ 융통성
- ☐ 독창성
- ☑ 정교성

보기

▲ 토마토

▲ 호두

영재교육원 기출

**12.** 다음 <보기> 는 영재가 쓴 일기의 일부분이다.

- ☑ 유창성
- ☑ 융통성
- ☐ 독창성
- ☐ 정교성

보기

시골에서 할머니가 잎이 달린 당근을 보내주셨다. 아침에 간편하게 주스를 만들어서 먹어도 맛있고, 요리해서 먹으면 뼈를 튼튼하게 만들어 준다고 말씀하셨다. 할머니의 정성이 들어 있어서 오랫동안 신선하게
보관해서 먹고 싶은데....
어떤 방법이 있을까?

글을 읽고, 영재의 고민을 해결하기 위해 당근을 오랫동안 신선하게 보관하는 방법을 3 가지 제시하시오. [5 점]

교육청 영재교육원 기출 유형

**13.** 다음 <보기> 의 그림에서 각각의 전기제품 A, B, C 는 순서 없이 무한이집 안방 전등, 무한이의 컴퓨터, 거실 전등 중에 하나이다. 다음 <보기> 를 읽고 물음에 답하시오. (단, 전원장치의 전압은 220 V 이다.) [5 점]

☑ 유창성
☐ 융통성
☑ 독창성
☐ 정교성

보기

- 무한이의 어머니가 안방의 전등을 켰을 때만 무한이는 컴퓨터를 켤 수 있다.
- 아버지께서는 퇴근 하시고 어머니가 주무신 후에도 거실에서 TV 를 보신다.

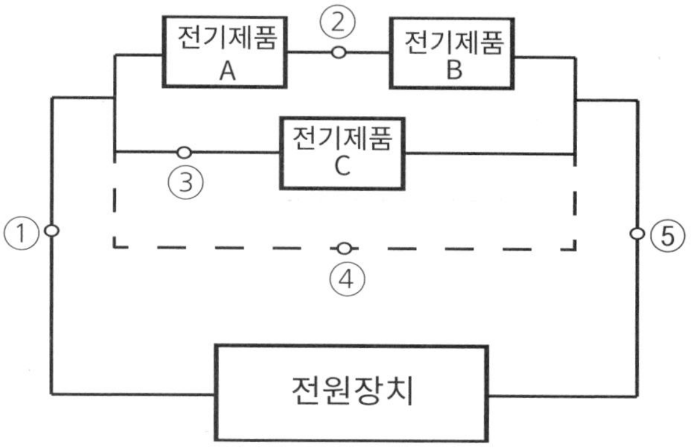


(1) 전기제품 A, B, C 는 각각 무엇일지 쓰시오. [3 점]

(2) 정격 전압이 220 V 인 다리미는 ① ~ ⑤ 중에 어디에 달면 좋을지 쓰고, 왜 그런지 설명하시오. [2 점]

영재교육원 기출

## 14. 다음 글을 읽고 물음에 답하시오.

☑유창성
☑융통성
☐독창성
☐정교성

오이에 소금을 뿌려 하루 동안 절인 후 관찰하면, 오이가 담긴 그릇에 물이 고여 있고 처음에 비해 오이가 많이 주름진 것을 확인할 수 있다.

▲ 절이기 전

▲ 절인 후

**위와 같은 과학적 원리가 적용된 예를 찾아 3 가지 이상 제시하시오. [5 점]**

예시 답안 / 평가표 ·········> P. 30

영재교육원 기출

## 15. 다음 글을 읽고 물음에 답하시오.

☑ 유창성
☑ 융통성
☐ 독창성
☐ 정교성

중동 사막에 사는 사람들은 그림과 같이 헐렁한 옷을 입고 생활한다. 옷이 태양열을 흡수하여 뜨거워지면 그 안의 공기도 뜨거워진다. 이때 ㉠ 뜨거워진 옷 속의 공기는 윗부분으로 빠져나가고, 아래쪽의 헐렁한 옷 틈으로 공기가 들어오게 되어 시원해질 수 있다.

㉠ 과 같은 열의 이동 방법과 관련된 예를 일상 생활에서 찾아 3 가지 이상 제시하시오. [5 점]

교육청 영재교육원 기출

## 16. 다음 글을 읽고 물음에 답하시오.

☐ 유창성
☑ 융통성
☐ 독창성
☑ 정교성

생체 모방 기술이란 생물체가 갖고 있는 다양한 구조와 기능을 모방하여 인간 생활에 적용 가능한 형태로 만드는 기술이다.

외국의 한 자동차 회사에서는 베짱이의 발바닥 구조를 본뜬 저마찰 엔진을 개발중인 것으로 알려지고 있다. 베짱이의 육각형 모양의 표면이 건조할 때 움직임을 부드럽게 해주는 것에 착안하여, 베짱이의 발바닥과 유사한 작은 둥근 홈이 규칙적으로 배열된 구조를 자동차 엔진의 피스톤과 실린더에 적용하는 연구를 진행 중이다.

▲ 베짱이

**생체 모방 기술을 적용한 사례를 3 가지 이상 제시하고, 각각의 과학적 근거를 쓰시오. [5 점]**

예시 답안 / 평가표 ··········> P. 31

교육청 영재교육원 기출

**17.** 다음은 인공광합성에 대한 설명이다. 물음에 답하시오.

☐ 유창성
☑ 융통성
☐ 독창성
☑ 정교성

인공광합성은 자연계의 광합성을 모방하여 이산화 탄소와 물로부터 에탄올이나 메탄올과 같은 연료를 합성하는 기술로, 앞으로 에너지 부족 문제를 해결할 수 있는 기술로 각광받고 있다.

<자연광합성>

$$6\,CO_2 + 12\,H_2O \xrightarrow{\text{빛에너지}} C_6H_{12}O_6 + 6\,O_2 + 6\,H_2O$$

이산화 탄소 + 물 → 포도당 + 산소 + 물

<인공광합성>

$$6\,CO_2 + 12\,H_2O \xrightarrow{\text{빛에너지}} 3\,C_2H_6O + 9\,O_2 + 3\,H_2O$$

이산화 탄소 + 물 → 에탄올 + 산소 + 물

**인공광합성이 인류의 삶에 미치는 영향을 3 가지 쓰시오. [5 점]**

영재교육원 기출 유형

**18.** 다음 그림은 어느 고층 아파트에서 화재가 발생하여 불이 번져 나가고 있는 모습이다.

- ☐ 유창성
- ☑ 융통성
- ☐ 독창성
- ☑ 정교성

건물을 지을 때, 화재 발생을 대비하거나 피해를 최소화 할 수 있는 자재를 선택하고, 이유를 설명하시오. [5 점]

영재교육원 기출 유형

**19.** 무한이는 오늘 학교에서 날씨에 대한 내용을 배우면서 다음과 같은 3 가지의 이야기를 들었다. 아래의 각각의 이야기가 어떤 날씨를 표현할지 괄호 안에 공통적으로 들어갈 말을 쓰고, 그 이유를 모두 설명해 보시오. [6 점]

□ 유창성
☑ 융통성
□ 독창성
☑ 정교성

- 제비가 낮게 날고 있으면 (                    ).

이유 :

- 종소리가 뚜렷하게 잘 들리면 (                    ).

이유 :

- 저녁에 달무리가 지면 (                    ).

이유 :

영재교육원 기출 유형

**20.** 무한이는 과학 시간에 양초를 연소시키는 실험을 하는 동안 반 친구들과 실험에 대한 이야기를 나누었다. 물음에 답하시오. [6 점]

- □ 유창성
- ☑ 융통성
- ☑ 독창성
- ☑ 정교성

[실험]

양초의 심지에 불을 붙인 후 집기병을 덮어 밀폐시켰더니, 잠시 후 촛불은 꺼지고, 집기병 안쪽 면에 물이 생성되었다.

[대화]

무한 : 연소가 일어나려면 탈 물질, ㉠ (  ), ㉡ (    ) 이상의 온도가 필요하지. 이 3 요소가 있어서 양초가 타는거야.

영재 : 유리컵을 덮어 밀폐시키면 산소가 없어지고 ㉢ 이산화 탄소가 생성되니까 촛불은 꺼지게 되지. 내가 ㉣ 석회수로 이산화 탄소를 확인해 볼게.

상상 : 그래! 나는 ㉤ 염화코발트종이로 물을 확인할 수 있어. ㉥ (    )가 안쪽 면에 엉겨 붙어서 물이 생기잖아!

(1) 무한이와 반 친구들이 나눈 대화에서 괄호 안의 알맞은 답을 써 넣으시오. [2 점]

㉠ (            )    ㉡ (            )    ㉥ (            )

(2) 무한이와 반 친구들이 나눈 대화에서 밑줄 친 단어 ㉢ ~ ㉥이 답이 되도록 다음 예시와 같이 낱말 퍼즐을 만들어 보시오. (단, 가로는 ㉠ 으로 시작하고 세로는 ㉡ 으로 시작하되, 가로와 세로의 문제 개수는 마음대로 정해도 상관없으며 빈칸은 연필로 까맣게 칠하시오.) [4 점]

예시)

| | | | |
|---|---|---|---|
| | ㉡ 용 | | |
| | ㉠ 해 | 왕 | 성 |
| | | | |
| | | ㉢ | |

<가로 열쇠>

㉠ 태양계에서 여덟 번째 궤도를 도는 행성은?

· · ·

<세로 열쇠>

㉡ 물질이 액체 속에서 균일하게 녹는 현상은?

· · ·

예시 답안 / 평가표 ·········> P. 34

[답안] 낱말 퍼즐 제작하기

| | | | | | | |
|---|---|---|---|---|---|---|
| | | | | | | |
| | | | | | | |
| | | | | | | |
| | | | | | | |
| | | | | | | |
| | | | | | | |
| | | | | | | |

<가로 열쇠>

㉠

<세로 열쇠>

㉡

CREATIVE
THINKING!
BEST
GO
꾸러미120제

Part 2

# 창의적 문제해결력

# 과학 (50문제)

# 2 창의적 문제해결력 과학

대회 기출 유형

**01.** 아래의 사진은 빙산의 모습이다. 다음 물음에 답하시오. [5 점]

☐ 유창성
☑ 융통성
☐ 독창성
☑ 정교성

(1) '빙산의 일각' 이라는 말이 있다. 이는 대부분이 숨겨져 있고 외부로 나타나 있는 것은 극히 일부분에 지나지 않음을 비유적으로 표현할 때 쓰인다. 왜 '빙산의 일각' 이라는 말이 생겼는지 빙산의 특징과 연관 지어 설명하시오. [2 점]

(2) 무한이는 빙산의 부피를 실험적으로 측정할 수 있는 방법을 생각하였다. 무한이는 빙산 대신 얼음의 부피를 측정할 수 있는 실험을 설계하고 메스실린더, 얼음, 그리고 액체를 준비하였다. 물리적인 힘을 가하지 않고 얼음이 액체에 완전히 잠기게 하여 얼음의 정확한 부피를 측정하고자 할 때, 액체 선택에서 반드시 고려해야 할 사항을 2 가지 이상 쓰시오. [3 점]

정답 및 해설 / 예시 답안
············> P.38

대회 기출 유형

## 02. 다음 <실험방법> 을 보고 물음에 답하시오. [5 점]

☐ 유창성
☐ 융통성
☐ 독창성
☑ 정교성

**실험방법**

① 시험관 입구의 크기와 비슷한 크기의 얼음을 넣고 작은 돌을 차례로 넣은 후 물을 채운다.

② 알코올 램프로 시험관의 중간 부분의 물을 가열한다.

(1) 시험관 안의 얼음은 어떻게 되었을지 실험결과를 예상해 써 보시오. [2 점]

(2) 다음 설명 중에서 이 실험에서 나타난 열의 이동과 같은 원리로 일어나는 현상을 모두 고르시오. [3 점]

① 양달이 응달보다 따뜻하다.
② 낮에는 해풍이 불고 밤에는 육풍이 분다.
③ 프로판 가스가 누출되면 아래쪽으로 모인다.
④ 실내에 난방 기구를 아래쪽에 설치하면 골고루 따뜻해진다.
⑤ 구리막대의 한쪽 끝을 가열하면 다른 쪽 끝도 뜨거워진다.
⑥ 난로를 쬐고 있는데 다른 사람이 앞을 가로막으면 덜 따뜻하다.

# 2 창의적 문제해결력 과학

**03.** 2019 년 5 월, 캐나다의 한 놀이 공원에 세계에서 가장 길고 높고 빠른 롤러코스터가 생겼다. 이 롤러코스터의 속력은 128 km/h 이고 , 최대로 올라가는 높이가 75 m 이다. 75 m 의 높이에서 수직으로 수중 터널을 바라보는 하강 코스와, 360 ° 로 회전하는 코스도 있다. [5 점]

☑유창성
☐융통성
☐독창성
☑정교성

(1) 롤러코스터는 내부에 엔진이 없다. 그런데 어떻게 빨리 달릴 수 있을까? [2 점]

(2) 공중에서 물체를 놓으면 땅으로 떨어지는데 롤러코스터는 회전하면서도 왜 밑으로 떨어지지 않을까? [3 점]

정답 및 해설 / 예시 답안 ·············> P.39

교육청 영재교육원 기출 유형

## 04. 다음 글을 읽고 물음에 답하시오. [6 점]

□ 유창성
□ 융통성
□ 독창성
☑ 정교성

미세먼지 발생원에는 자연적인 것과 인위적인 것으로 구분된다. 흙먼지, 바다의 소금, 꽃가루 등이 자연적으로 발생하는 미세먼지이고, 석탄·석유 등 화석연료를 태울 때 생기는 매연, 자동차 배기가스, 건설현장 등에서 발생하는 날림먼지 등이 인위적인 미세먼지이다.

미세먼지는 굴뚝 등 발생원에서부터 고체 상태의 미세먼지로 나오는 경우(1 차적 발생)와 발생원에서는 가스 상태로 나온 물질이 공기 중의 다른 물질과 화학반응을 일으켜 미세먼지가 되는 경우(2 차적 발생)로 나누어 질 수 있다. 2 차적으로 미세먼지가 발생하는 과정은 다음과 같다.

| | | | | | | | | | | |
|---|---|---|---|---|---|---|---|---|---|---|
| NO 혹은 $NO_2$ (질소 화합물) | + | $O_3$ (오존) | → | $HNO_3$ (질산) | , | $HNO_3$ (질산) | + | $NH_3$ (암모니아) | → | $NH_4NO_3$ (질산 암모늄) |
| $SO_2$ (아황산가스) | + | $H_2O$ (수증기) | → | $H_2SO_4$ (황산) | , | $H_2SO_4$ (황산) | + | $NH_3$ (암모니아) | → | $(NH_4)_2SO_4$ (황산 암모늄) |

(1) 산림과 바다에서도 자연적으로 미세먼지가 발생한다. 윗글에 나온 흙먼지, 바다의 소금, 꽃가루 등이 미세먼지로 분류된 이유가 무엇일지 쓰시오. [2 점]

(2) 겨울철에는 지표면의 미세먼지의 농도가 높고, 여름철에는 농도가 낮은 이유를 쓰시오. [2 점]

(3) 한 환경공학 전문가는 실외 미세먼지 농도가 높아 환기할 수 없을 때, 실내온도를 조금 낮추는 것을 추천한다. 실내의 온도를 낮추면 우리 몸이 미세먼지의 영향을 덜 받을 수 있기 때문인데, 왜 그런지 이유를 쓰시오. [2 점]

대회 기출 유형

**05.** 소리는 대부분 공기를 통하여 전달된다. 공기의 진동이 귀에 있는 고막을 진동시키고 고막의 진동이 대뇌로 전달되어 소리를 듣는 것이다. 사람이 들을 수 있는 소리의 진동수 범위는 20 ~ 20,000 Hz 정도이다. 사람 목소리의 진동수 영역은 보통 50 ~ 800 Hz 정도이며, 여자의 목소리가 남자보다 50 ~ 150 Hz 정도 더 높다고 한다. 그림은 여자와 남자의 목소리를 개략적으로 나타낸 파형 그래프이다. 다음 물음에 답하시오. [5 점]

□ 유창성
□ 융통성
□ 독창성
☑ 정교성

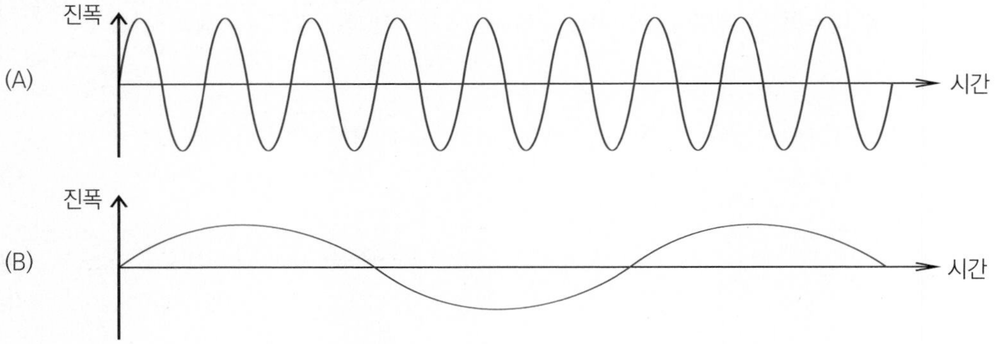


(1) 중저음의 목소리를 가진 남자가 말할 때 녹음을 했다. 녹음된 목소리를 파형으로 나타내면, 위의 그래프 (A), (B) 중에 어떤 그래프와 가장 가까울까? [2 점]

(2) 위 그래프 (A), (B) 에 대한 설명으로 옳은 것을 모두 고르시오. [3 점]

① (B) 의 목소리가 (A) 보다 더 작다.
② (A) 의 목소리가 (B) 의 목소리보다 더 높다.
③ (A) 의 목소리가 (B) 의 목소리보다 진동수가 더 적다.
④ (A) 의 목소리는 (B) 의 목소리보다 더 빨리 전달된다.
⑤ (A) 의 목소리는 (B) 의 목소리보다 더 선명하게 들린다.

정답 및 해설 / 예시 답안 ············> P.41

대회 기출 유형

# 06. 아래 그림과 같은 막대자석을 반으로 잘라 보았다. 다음 물음에 답하시오. [5 점]

☐ 유창성
☐ 융통성
☐ 독창성
☑ 정교성

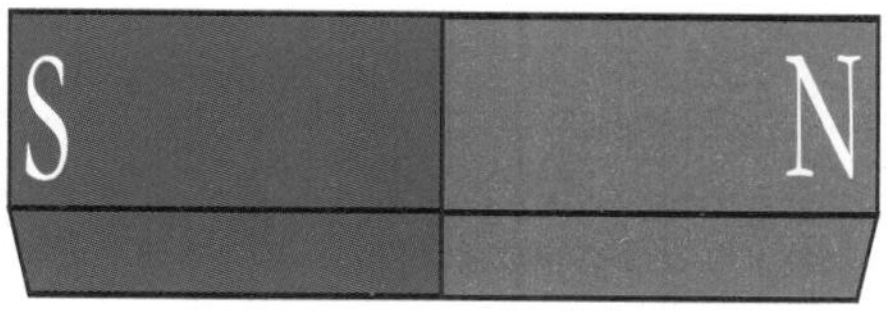


(1) 자른 두 막대자석은 어떤 극을 띠고 있을지 설명하시오. [2 점]

(2) 무한이는 자른 막대자석을 부숴서 잘게 만들어 아래 <보기> 의 방법으로 실험을 진행했다. 이 실험에 대한 설명으로 옳은 것을 모두 고르시오. [3 점]

보기

1. 잘게 자른 자석을 시험관에 넣고 시험관을 잘 흔든 다음 클립에 가까이 대고 클립이 달라붙는지를 관찰한다. 관찰 결과 클립은 시험관에 달라붙지 않았다.
2. 시험관 벽을 다른 자석으로 문지른 다음 이 시험관을 클립에 가까이 가져가니 클립이 시험관에 붙었다.

① 1 번 과정에서 부서진 작은 자석 조각 들은 각각 작은 자석이라고 볼 수 있다.
② 2 번 과정의 시험관을 다시 잘 흔든 후 클립을 가져가면 시험관에 클립이 붙을 것이다.
③ 속이 빈 시험관이라도 자석으로 계속 문지르면 그 시험관이 자석의 성질을 가질 수 있다.
④ 2 번 과정과 같이 자석으로 시험관을 문지르면 부서진 자석 조각들의 자기적인 성질이 변한다.
⑤ 2 번 과정의 시험관 안에 들어 있는 부서진 자석 조각들은 문지르는 방향에 따라 일정하게 같이 정렬한다.

교육청 영재교육원 기출 유형

**07.** <보기> 는 몇 가지 원소의 성질을 나타낸 카드와 제시된 원소를 기준 (가) 와 (나) 로 분류한 벤 다이어그램이다. 다음 물음에 답하시오.

☑ 유창성
☐ 융통성
☐ 독창성
☑ 정교성

**원소 카드**
◎ 이름 : 마그네슘
◎ 금속 원소
◎ 상태 (STP) : 고체
◎ 반지름 (pm) : 145
◎ 전기 음성도 : 1.31
◎ 밀도 (g/L) : 1.74

**원소 카드**
◎ 이름 : 베릴륨
◎ 금속 원소
◎ 상태 (STP) : 고체
◎ 반지름 (pm) : 125
◎ 전기 음성도 : 1.57
◎ 밀도 (g/L) : 1.84

**원소 카드**
◎ 이름 : 탄소
◎ 비금속 원소
◎ 상태 (STP) : 기체
◎ 반지름 (pm) : 77
◎ 전기 음성도 : 2.55
◎ 밀도 (g/L) : 2.25

**원소 카드**
◎ 이름 : 플루오린
◎ 비금속 원소
◎ 상태 (STP) : 기체
◎ 반지름 (pm) : 71
◎ 전기 음성도 : 3.98
◎ 밀도 (g/L) : 1.71

**원소 카드**
◎ 이름 : 나트륨
◎ 금속 원소
◎ 상태 (STP) : 고체
◎ 반지름 (pm) : 154
◎ 전기 음성도 : 0.93
◎ 밀도 (g/L) : 0.97

**원소 카드**
◎ 이름 : 질소
◎ 비금속 원소
◎ 상태 (STP) : 기체
◎ 반지름 (pm) : 75
◎ 전기 음성도 : 3.04
◎ 밀도 (g/L) : 125

**원소 카드**
◎ 이름 : 리튬
◎ 금속 원소
◎ 상태 (STP) : 고체
◎ 반지름 (pm) : 134
◎ 전기 음성도 : 0.98
◎ 밀도 (g/L) : 0.53

**원소 카드**
◎ 이름 : 알루미늄
◎ 금속 원소
◎ 상태 (STP) : 고체
◎ 반지름 (pm) : 130
◎ 전기 음성도 : 1.61
◎ 밀도 (g/L) : 2.69

**원소 카드**
◎ 이름 : 수소
◎ 비금속 원소
◎ 상태 (STP) : 기체
◎ 반지름 (pm) : 37
◎ 전기 음성도 : 2.2
◎ 밀도 (g/L) : 0.09

**원소 카드**
◎ 이름 : 산소
◎ 비금속 원소
◎ 상태 (STP) : 기체
◎ 반지름 (pm) : 73
◎ 전기 음성도 : 3.44
◎ 밀도 (g/L) : 1.43

정답 및 해설 / 예시 답안 ············> P. 42

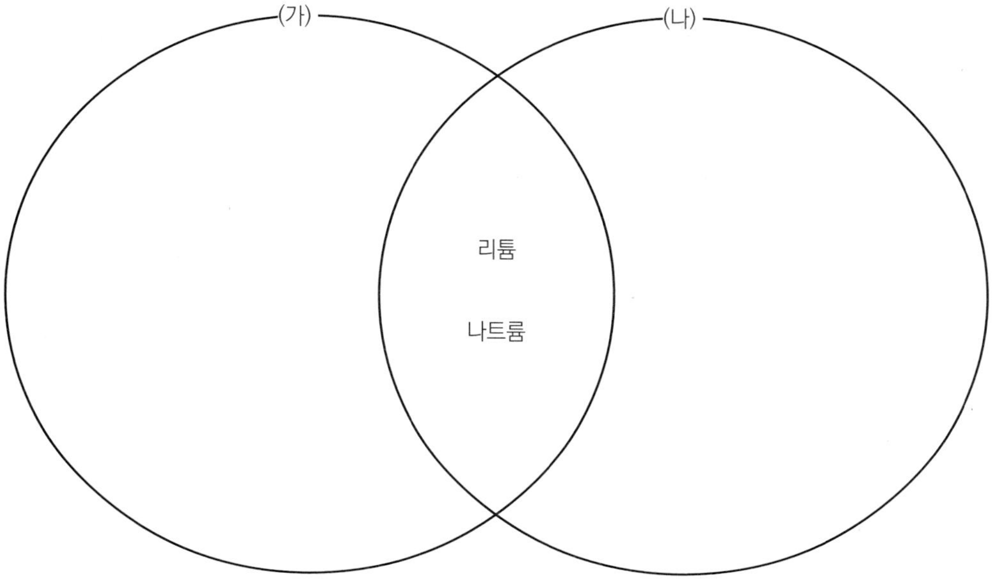


**기준 (가) 와 (나) 를 3 가지 쓰시오. [5 점]**

| | 기준 (가) | 기준 (나) |
|---|---|---|
| 1 | | |
| 2 | | |
| 3 | | |

# 2 창의적 문제해결력 과학

교육청 영재교육원 기출 유형

**08.** 무한이와 상상이는 팔씨름 대결에서 무승부를 해서, 턱걸이 시합으로 힘을 겨루기로 했다. 무한이는 턱걸이를 2 개, 상상이는 턱걸이 10 개를 했다. 다음 그림을 보고 물음에 답하시오. [5 점]

□ 유창성
☑ 융통성
□ 독창성
☑ 정교성

(1) 무한이가 상상이에게 팔 힘도 같고, 몸무게도 같은데 왜 상상이가 턱걸이를 더 잘하는지 물어봤다. 그러자 상상이는 자신의 비결은 알려주지 못하지만, 팁을 준다며 "나는 너보다 작은 힘으로 턱걸이했어." 라고 말했다. 위 그림에서 무한이와 상상이가 각각 누구일지 말해 보시오. [2 점]

(2) 왜 상상이는 작은 힘으로 턱걸이했다고 말했는지 설명해 보시오. [3 점]

정답 및 해설 / 예시 답안
> P. 42

**09.** 무한이는 추석이 되어 시골에 있는 할머니 댁에 놀러 갔다. 무한이는 할머니의 농사를 돕다가 동네 친구들이 산을 오르는 것을 보고 따라갔다. 그때 갑자기 무섭게 생긴 멧돼지가 무한이와 친구들을 향하여 돌진했다. [5 점]

- ☐ 유창성
- ☑ 융통성
- ☐ 독창성
- ☐ 정교성

(1) 멧돼지가 출몰했을 때 무한이와 친구들의 몸에서 일어나는 반응으로 옳은 것을 <u>모두</u> 고르시오. [2 점]

① 아드레날린의 분비가 촉진된다.
② 근육으로 혈액의 흐름을 촉진한다.
③ 간에서 글리코겐으로부터 포도당의 생산이 촉진된다.
④ 이자의 기능이 활성화되어 소화 효소의 분비가 촉진된다.
⑤ 방광 괄약근이 축소됨으로써 자신도 모르게 오줌이 나온다.

(2) 무서운 멧돼지를 본 직후 무한이와 친구들의 몸에서 반응을 조절하는 중추 신경을 <보기> 에서 <u>모두</u> 고르시오. [3 점]

보기

ㄱ. 대뇌 ㄴ. 간뇌 ㄷ. 중간뇌 ㄹ. 소뇌 ㅁ.연수 ㅂ. 척수

**10.** 무한이는 방에서 무지개를 보고 싶었다. 그래서 아래의 그림과 같이 창문에 검은 도화지를 붙이고 작은 구멍을 냈다. 그리고 프리즘과 거울 두 개를 설치하여 스크린에 무지개가 보이도록 했다. 다음 물음에 답하시오. [5 점]

- ☐ 유창성
- ☐ 융통성
- ☐ 독창성
- ☑ 정교성

(1) 위 그림에 빛의 예상 경로를 그려보시오. [3 점]

(2) 무한이가 스크린을 바라보았을 때, 무지개 무늬의 제일 위쪽의 색과 아래쪽의 색을 말해 보시오. (단, 빛은 프리즘, 거울 1, 거울 2 를 모두 지나서 스크린에 도달한다.) [2 점]

□ 유창성
□ 융통성
□ 독창성
☑ 정교성

**11.** **감전이란 인체에 전류가 흘러 아픔을 느끼는 것을 말한다. 우리 몸은 저항이 크기 때문에 전류가 흐르면 열이 발생한다.** 아래는 전류의 크기와 전류에 노출된 시간에 따른 그래프와 설명이다. 다음 물음에 답하시오. [5 점]

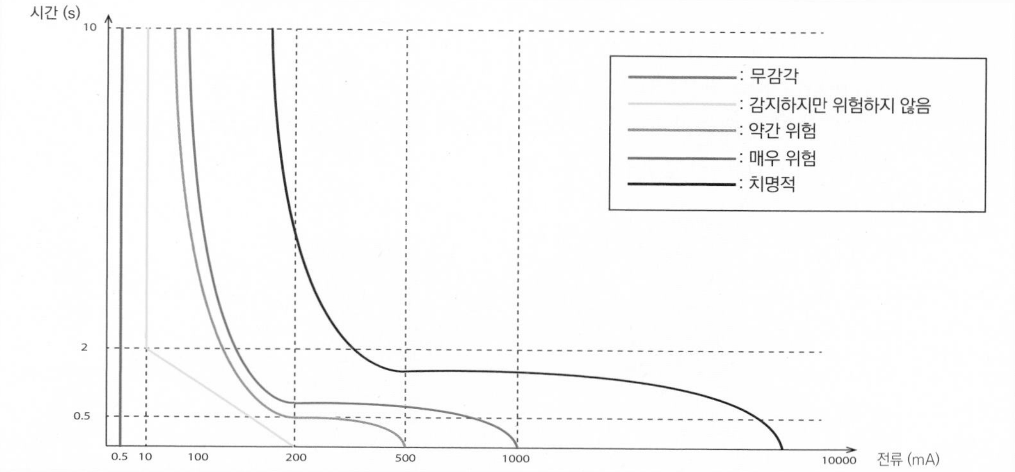


감전에 의한 피해를 결정짓는 요인에는 다섯 가지가 있다. 인체를 통과하는 전류의 크기, 전류가 몸을 통과하는 시간과 경로, 교류와 직류, 그리고 건강 상태이다. 평균적으로 0.5 mA 의 전류가 흐르면 아무런 반응이 없다가 1 mA 부터 전류를 느낄 수 있다. 5 mA 부터는 전류의 세기에 따라 통증과 불안을 동반한 경련을 느끼고, 50 mA 부터는 죽음에 이를 수 있다.

(1) 사람이 교류전류가 흐르는 콘센트에 티비 전원을 꼽다가 감전된 아래의 그림에서 틀린 부분이 무엇인지 설명하시오. [2 점]

(2) '고전압은 위험하다' 는 주장은 항상 옳지는 않다. 그 까닭은 무엇인가? [3 점]

# 2 창의적 문제해결력 과학

**12.** 다음은 해저확장설을 주장하는 사람이 해저가 어떻게 확장되고 있는지 설명한 글과 그림이다. 글을 읽고 물음에 답하시오. [5 점]

□ 유창성
□ 융통성
□ 독창성
☑ 정교성

해령에서 지각층 밑에 있는 맨틀의 물질이 상승하여 새로운 해양판이 만들어지고, 양쪽으로 이동하면서 바다로부터 퇴적물이 점차 쌓이게 된다. 해양과 대륙의 경계에서 침강하면서 바다의 면적이 넓어지고, 대륙판과 대륙판 사이가 멀어진다. 지각 아래층의 맨틀은 온도 차에 의해서 순환하고 있는데, 이를 '맨틀 대류설' 이라고 한다.

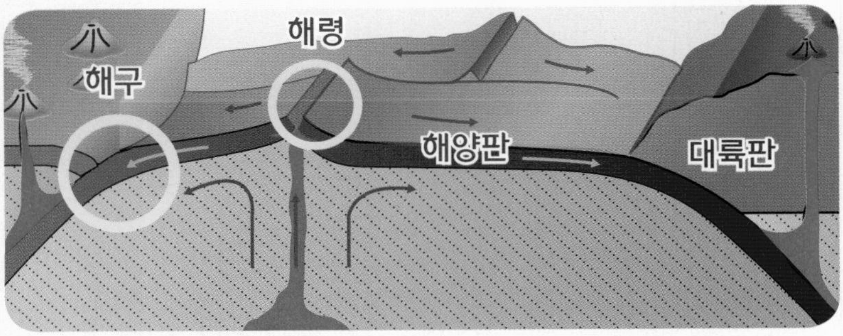


(1) 해구에서 해령으로 갈수록 해저 퇴적물의 두께와 해저 암석의 나이 변화가 바르게 짝지어진 것을 고르시오. [2 점]

| | 퇴적물의 두께 | 암석의 나이 | | 퇴적물의 두께 | 암석의 나이 |
|---|---|---|---|---|---|
| ① | 얇아진다 | 많아진다 | ② | 얇아진다 | 적어진다 |
| ③ | 두꺼워진다 | 많아진다 | ④ | 두꺼워진다 | 적어진다 |
| ⑤ | 변함없다 | 변함없다 | | | |

(2) '바다에서 육지 쪽으로 갈수록 바다의 수심이 얕다' 라는 말이 왜 틀렸는지 설명하시오. [2 점]

(3) 위 그림에서 해양판이 이동하는 이유를 쓰시오. [1 점]

**13.** 영재네 반에서는 둥근 어항에 금붕어 몇 마리를 넣고 기르면서 매일 먹이를 주며 관찰하였다. 어느 날 먹이를 주다가 물 위에서 보니 금붕어의 크기는 그대로 보이는데 어항 밖 옆에서 보면 어항 속의 금붕어가 실제보다 더 크게 보였다. [5 점]

☑ 유창성
☐ 융통성
☐ 독창성
☑ 정교성

(1) 둥근 어항 속의 금붕어가 크게 보이는 원리와 같은 것을 모두 고르시오. [3 점]

① 영사기로 영화를 상영한다.
② 물속의 물고기가 실제보다 얕게 보인다.
③ 할아버지가 돋보기를 쓰고 신문을 보신다.
④ 뜨거운 날 사막에서 신기루가 보인다.
⑤ 맑고 바람이 없는 날 호수 표면에는 산의 모습이 깨끗하게 보인다.
⑥ 투명한 비닐봉지에 물을 가득 담고 얼굴을 비쳐 보면 크게 보인다.

(2) 영재는 어항의 물고기를 물 위에서 보다가 손을 뻗어 잡으려고 했지만, 물고기를 자꾸 놓쳤다. 영재는 분명히 물고기가 움직이기 전에 물고기의 정확한 위치로 손을 뻗었는데 물고기가 잡히지 않았다. 영재가 손으로 물고기를 잘 잡기 위해서 어떻게 하면 좋을지 영재에게 과학적인 근거를 들어 충고해 보시오. [2 점]

# 2 창의적 문제해결력 과학

**14.** 다음 글을 읽고 물음에 답하시오. [5 점]

☐ 유창성
☑ 융통성
☐ 독창성
☑ 정교성

한여름의 나뭇잎은 초록색이다. 잎이 초록색으로 보이는 이유는 모든 색의 빛을 포함한 태양 빛이 나뭇잎에 도달하고, 나뭇잎이 흡수하지 않은 초록색 빛이 반사되어 우리 눈에 도달하기 때문이다. 하얀색으로 보이는 이유는 물체가 태양 빛의 대부분을 표면에서 반사하기 때문이고, 검은색으로 보이는 이유는 태양 빛의 대부분을 표면에서 흡수하기 때문이다. 그래서 햇빛이 강한 여름에는 하얀색 옷을 입는 것이 검은색 옷을 입는 것보다 시원하다.

(1) 다음 그림은 현수가 빨간색 셀로판지로 만든 안경을 끼고, 빨간색 딸기와 노란색 바나나를 보는 모습을 나타낸 것이다. 현수가 본 딸기와 바나나의 색을 쓰시오. [2 점]

(2) 다음 그림과 같이 흰색 스크린 앞에 물체를 놓고 빨간색, 초록색, 파란색 빛을 비추었더니 색 그림자 A, B, C 가 생겼다. 그림자 A, B, C 의 색을 바르게 짝지은 것은? [3 점]

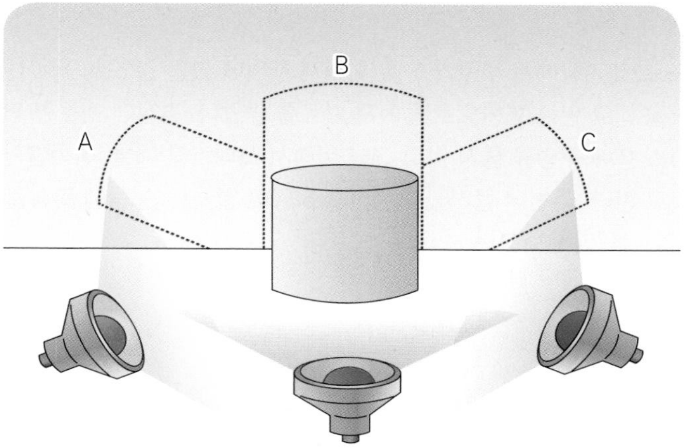


| | A | B | C | | A | B | C |
|---|---|---|---|---|---|---|---|
| ① | 빨강 | 파랑 | 노랑 | ② | 빨강 | 자홍 | 청록 |
| ③ | 노랑 | 자홍 | 청록 | ④ | 파랑 | 초록 | 빨강 |
| ⑤ | 검정 | 검정 | 검정 | | | | |

# 2 창의적 문제해결력 과학

**15.** 다음 글을 읽고 물음에 답하시오. [6 점]

□ 유창성
☑ 융통성
□ 독창성
☑ 정교성

어느 쓰레기장에서 부탄가스 통이 터져 주위에 있던 김 모씨 등 어른 5 명이 화상을 입고 인근 병원으로 옮겨져 치료를 받았다. 경찰에 따르면 이 사고는 부탄가스 통에 구멍을 뚫지 않고 그냥 버려서 쓰레기를 태울 때 폭발한 것이 원인이라고 한다. 주변에 몰려있던 등산객 5 명이 얼굴과 손 등에 화상을 입고 치료를 받는 등 크게 다쳤다.

(1) 왜 부탄가스 통이 폭발했을지 이유를 쓰시오. [2 점]

(2) 부탄가스는 안의 가스를 분출시켜 연소시킬 때, 통이 차가워진다. 왜 그런지 이유를 쓰시오. [2 점]

(3) 뜨거운 음식을 먹기 전에 '호~' 하고 음식을 식혀 먹는다. 이 이유를 부탄가스 통과 연관 지어 설명하시오. [2 점]

정답 및 해설 / 예시 답안 ············> P. 46

**16.** 고대 그리스의 철학자 엠페도클레스는 그림 (가) 와 같이 우리가 살고 있는 땅의 모양을 원통형이라고 보았다. 그러나 오늘날 인공위성에서 본 땅의 모습은 그림 (나) 와 같이 공처럼 둥글다. [5 점]

☑ 유창성
☑ 융통성
☐ 독창성
☐ 정교성

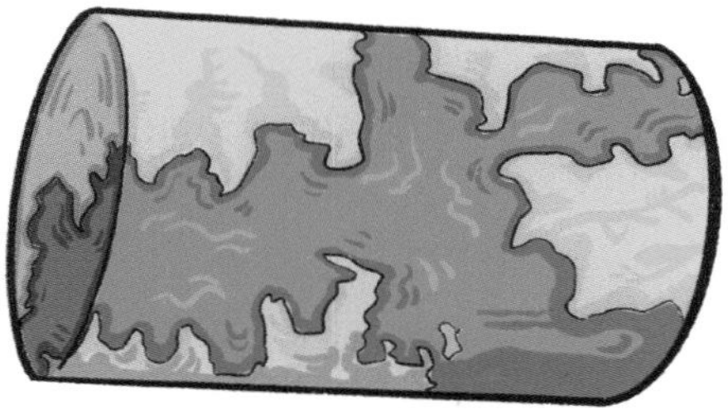

(가)

(나)

(1) 지구의 모양이 (나) 와 같은 구형이라는 증거를 3 가지 이상 제시하시오. [3 점]

(2) 지구의 모양이 (가) 와 같은 모양이 아닌 (나) 와 같은 모양이어서 좋은 점을 2 가지 이상 쓰시오. [2 점]

**17.** 다음 <보기> 는 적도의식 천체망원경의 사용법과 주의사항에 대한 글이다. 읽고 물음에 답하시오. [6 점]

□ 유창성
□ 융통성
□ 독창성
☑ 정교성

보기

**<사용법>**

1. 주위가 트여있고, 바람이 잠잠하며, 잘 보이도록 빛이 많은 곳에 설치한다.
2. 삼각대는 북쪽을 향하도록 설치한다.
3. 경통을 조립하고, 적경축과 적위축을 맞춘다.
4. 적위축의 클램프만 풀어, 경통을 흔들며 수평을 유지하도록 조절한다. 적위축 클램프를 잠그고, 적경축 클램프를 풀어 균형추를 움직이며 경통부와 밸런스가 맞도록 한다.
5. 눈으로 천체를 관측할 때에는 극축이 북쪽 하늘을 향해있기만 하면 되지만, 사진을 촬영할 때에는 극축 망원경으로 정확한 북측을 맞춘다.
6. 낮에 목표물을 설정해 주망원경으로 목표물을 시야에 오도록한 후 파인더로 확인한다. 파인더에 있는 나사를 풀었다 조였다 하며 파인더의 십자선 가운데에 목표물이 오도록 한다.
7. 가대를 삼각대에 고정하고, 무게추를 적위축에 조립한 다음 안전나사를 조인다.

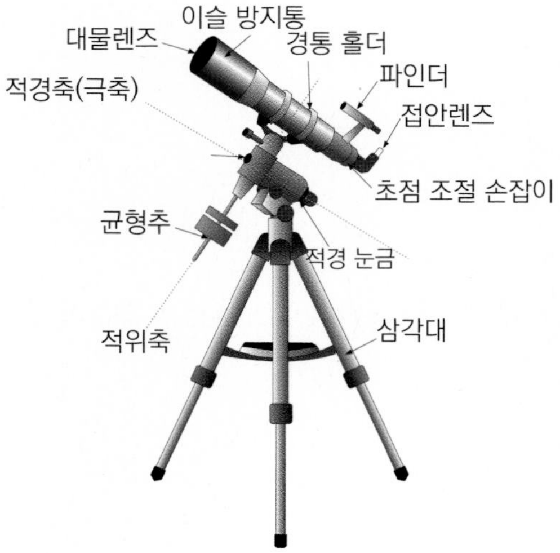

정답 및 해설 / 예시 답안 ············> P. 47

**<주의사항>**

- 천체를 관측하기 전에 극축을 다시 확인하고, 눈이 깜깜한 환경에 적응하도록 하며 손전등을 사용해야 할 경우에는 빨간색 빛이 나오는 손전등을 이용한다.
- 경통을 고정시키는 클램프를 지나치게 잠그지 않도록 한다.

(1) 위의 천체 망원경 사용법 중에서 틀린 부분 한 곳을 찾아 바르게 고치시오. [3 점]

(2) 사용법 2 ~ 7 번 까지의 순서를 바르게 나열하시오. [3 점]

# 2 창의적 문제해결력 과학

**18.** 다음 그림과 같이 커다란 풍선을 사이에 두고 무한이와 지은이가 마주 앉아 말을 했더니 상대편 말소리가 잘 들리는 것을 경험할 수 있었다. (단, 풍선은 매우 얇으며, 반사에 의한 손실은 거의 없다.) [6 점]

☑유창성
☐융통성
☐독창성
☑정교성

| | 공기 | 이산화탄소 | 헬륨 |
|---|---|---|---|
| 0 ℃ 에서의 속도 | 331 m/s | 259 m/s | 965 m/s |

(1) 무한이와 지은이 사이에 놓인 커다란 풍선은 이산화 탄소로 채워져 있다. 위의 표에 나와 있는 기체를 참고하여 무한이에게 지은이의 목소리가 잘 들릴지 말해 보고, 그 이유를 설명하시오. [3 점]

(2) 무한이와 지은이 사이의 풍선에 헬륨가스가 채워져 있다면 무한이에게 지은이의 목소리가 잘 들릴지 말해 보고, 그 이유를 설명하시오. [3 점]

## 19. 다음 글을 읽고 물음에 답하시오. [5 점]

☑ 유창성
☐ 융통성
☐ 독창성
☑ 정교성

빛이 미립자에 부딪혔을 때 여러 방향으로 흩어지는 현상을 빛의 산란이라고 한다. 태양 빛이 지구의 대기층을 지나는 동안 공기 분자, 수증기, 먼지 등에 부딪혀 흩어지는 현상이 빛이 산란하는 대표적인 예이다.

다음 그래프처럼 파장이 짧을수록 빛이 산란이 더 잘 된다. 그래서 파장이 짧은 파란색과 보라색 빛이 산란이 잘 되어 공기 중에 퍼진다. 우리 눈은 보라색보다 파란색에 더 민감하므로 하늘이 파랗게 보인다.

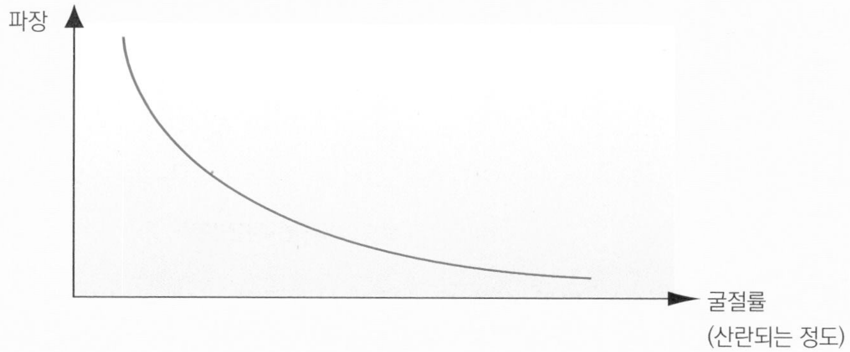


(1) 어느 날 무한이는 지평선 근처에 떠 있는 동그랗고 붉은 달을 보았다. 달이 붉게 보였던 이유를 쓰시오. [2 점]

(2) 낮에 대부분의 바닷물이나 강물 등이 푸른색으로 보이는 이유를 쓰시오. [3 점]

# 2 창의적 문제해결력 과학

## 20. 다음 글을 읽고 물음에 답하시오.

☐ 유창성
☑ 융통성
☑ 독창성
☐ 정교성

망막은 안구의 가장 안쪽을 덮고 있는 신경조직이다. 안구 내로 들어온 빛은 망막의 내층을 지나 망막의 시세포에 감지된다. 망막은 흔히 카메라의 필름에 비유된다. 카메라 필름은 들어온 빛이 상으로 맺히는 곳으로 망막과 같은 역할을 하기 때문이다.

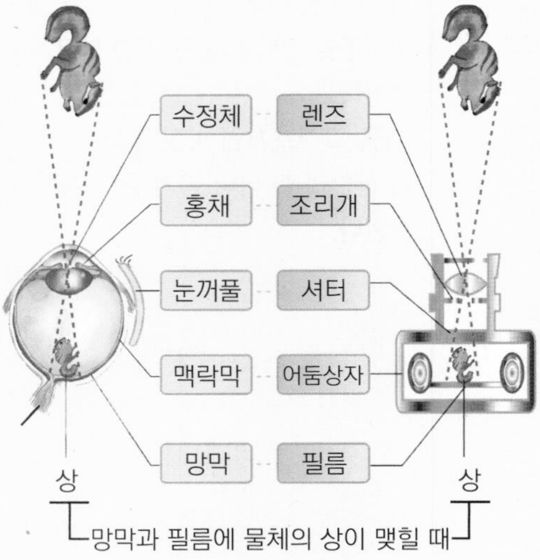


**만약 자신에게 오는 모든 빛을 통과시켜 사람들의 눈에 보이지 않는 투명 인간이 존재한다면, 앞을 보지 못하는 장님일 것이라고 주장하는 사람들이 있다. 왜 그렇게 주장하는 것일지 위의 글과 연관 지어 설명하시오. [4 점]**

**21.** 무한이가 학교에서 돌아왔을 때 어머니는 저녁 준비를 하고 계셨다. 어머니께서는 된장찌개를 끓이면서 튀김을 튀길 준비를 하셨다. 다음 물음에 답하시오. [6 점]

☐ 유창성
☑ 융통성
☐ 독창성
☑ 정교성

(1) 무한이는 손을 씻은 후 어머니를 도와 튀김을 튀기려고 했는데 손에 있던 물이 기름에 떨어졌다. 그러자 소리가 나면서 기름이 튀어 올라 손을 델 뻔했다. 왜 물이 떨어지면 기름이 튀어 오르는지 그 이유와 관련된 설명으로 알맞은 것을 모두 고르시오. [3 점]

① 물의 끓는점보다 기름의 끓는점이 높기 때문이다.
② 물이 뜨거운 기름 속에서 수증기로 변했기 때문이다.
③ 기름이 물의 열을 빼앗아 위로 튀었다.
④ 물이 떨어지는 속력 때문에 그 충격으로 기름이 위로 튀었다.
⑤ 뜨거운 물에 찬 기름을 넣어도 같은 현상이 일어날 것이다.

(2) 어머니는 된장찌개가 끓어 넘치려고 하자 냄비 위에 긴 나무 주걱을 올려놓았다. 그러자 거품이 잦아들고, 끓어 넘치지 않았다. 왜 나무 주걱을 된장찌개 냄비 위에 올려두면 찌개가 끓어 넘치지 않을지 설명하시오. [3 점]

# 2 창의적 문제해결력 과학

## 22. 다음은 다이달로스와 이카로스의 이야기이다. 글을 읽고 물음에 답하시오.

☑유창성
☐융통성
☐독창성
☑정교성

다이달로스는 손재주가 좋고 영리했어. 집은 물론 신기한 물건들도 뚝딱 잘 만들어 냈지. 크레타섬의 왕 미노스는 다이달로스에게 크레타섬에 있는 미노타우로스라는 괴물을 가둘 감옥을 만들어달라고 부탁했고, 다이달로스는 한번 들어가면 나올 수 없는 미궁을 완벽하게 만들어 냈어.

어느 날, 테세우스라는 아테네의 왕자가 크레타섬에 제물로 오게 되었어. 아테네에서는 처녀와 총각들을 미노타우로스의 제물로 바쳐야 했는데, 그걸 두고 볼 수 없었던 테세우스가 제물로서 미궁으로 들어가서 미노타우로스를 죽이려고 했던 거지. 미노스 왕의 딸 아리아드네는 늠름한 테세우스의 모습에 반하게 되었어. 그래서 테세우스에게 말했지.

"제가 미궁을 빠져나올 방법을 알려드릴 테니, 저를 아테네로 데려가 아내로 삼아주세요."

테세우스는 아리아드네의 말에 동의했고, 아리아드네는 다이달로스에게 찾아가 미궁을 빠져나갈 방법을 물어봤어. 다이달로스는 아리아드네에게 실타래를 가져가서 실을 풀면서 들어간 뒤 그 실을 따라 나오면 된다고 말해줬어. 테세우스는 그 말대로 해서 미노타우로스를 죽이고 미궁을 무사히 빠져나올 수 있었고, 아리아드네는 아버지와 조국을 등지고 테세우스와 크레타섬을 떠났어. 그 일을 알게 된 미노스 왕은 화가 머리끝까지 나서 테세우스가 미궁을 빠져나올 수 있도록 도와준 다이달로스와 그의 아들 이카로스에게 그 책임을 물었어.

"다이달로스와 그의 아들을 미궁에 가둬라!"

안타깝게도 다이달로스는 그렇게 자신이 만든 미궁에 갇히고 말았어.

하지만 다이달로스는 영리한 재주꾼이잖아. 실타래 없이도 미궁을 빠져나갈 수 있는 방법을 생각해 냈는데, 바로 미궁에 뚫려 있는 높은 천장으로 빠져나가는 것이었어.

다이달로스는 날아서 미궁으로 빠져나가기 위해 밀랍과 실로 날개를 만들기 시작했어. 날개를 완성한 다이달로스는 아들 이카로스와 함께 날개를 달고 날아서 미궁을 빠져나왔어.

아들 이카로스는 신이 나서 힘차게 날아갔어. 그때 다이달로스가 말했어.

<u>"아들아, 너무 높이 날면 태양 빛에 밀랍이 녹아 날개를 쓸 수 없게 되니깐 조심해라."</u>

하지만 이카로스는 자신이 날고 있다는 사실에 기쁜 나머지, 점점 더 높이 하늘을 날아올랐어. 그러자 이카로스의 날개는 녹아 내렸고, 결국 바다에 빠져 죽고 말았어.

주어진 글의 밑줄 친 부분은 오류가 있는 말이다. 오른쪽의 그래프를 보고, 밑줄 친 부분이 왜 틀렸는지 설명하시오. (이카로스는 추락 전까지 숨 쉬는 데에 문제가 없었고, 밀랍이 녹는점은 63 ℃ 정도이다.) [5 점]

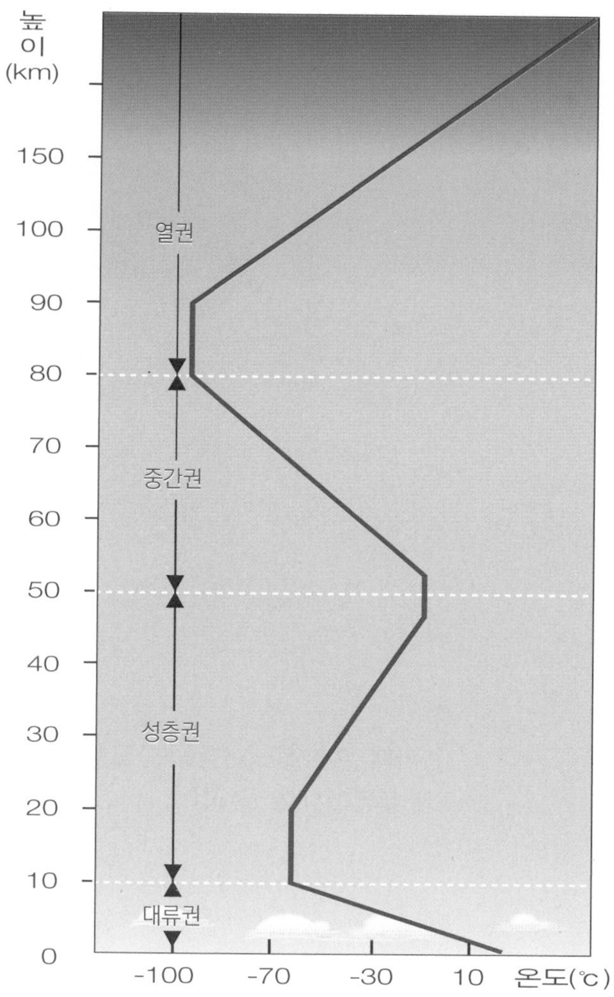

# 2 창의적 문제해결력 과학

**23.** 다음 사진은 꿀과 우유를 넣은 '카페 꼰 미엘' 이라는 스페인 커피이다. 다음 물음에 답하시오. [5 점]

☐ 유창성
☑ 융통성
☐ 독창성
☑ 정교성

(1) '카페 꼰 미엘' 을 만들 때, 꿀을 넣고 커피를 넣어도 둘이 섞이지 않고 층을 이룬다. 그 이유가 무엇인지 설명하시오. [2 점]

(2) 무한이는 '카페 꼰 미엘' 을 차갑게 먹으려고 카페에서 얼음을 받아서 넣었다. 그런데 무한이가 집에서 정수기 물로 얼음을 얼렸을 때는 얼음이 하얗게 얼었는데, 카페에서 받은 얼음은 투명했다. 왜 그런지 물어보자 카페 사장님께서는 뜨거운 물로 얼음을 얼린다고 하셨다. 왜 뜨거운 물로 얼음을 얼리면 투명한지 설명하시오. [3 점]

정답 및 해설 / 예시 답안 ············> P. 51

교육청 영재교육원 기출 유형

**24.** 다음은 봉선화를 이용한 실험이다. 물음에 답하시오. [6 점]

□ 유창성
□ 융통성
□ 독창성
☑ 정교성

① 잎이 달린 봉선화 줄기 2 개를 준비하여 1 개는 잎을 모두 따낸다.

② 봉선화 줄기를 물이 들어 있는 시험관 A, B 에 각각 넣고 시험관 속 물 위에 식용유를 소량 넣는다.

③ A, B 의 입구를 솜으로 막은 후 곧바로 수면 높이를 측정한다.

④ 하루가 지난 후, 두 시험관의 수면 높이를 측정한다.

(1) 시험관 A, B 의 수면 높이는 어떻게 달라졌을지 쓰고, 왜 그런지 설명하시오. [2 점]

(2) 두 시험관의 수면 높이 차이를 더 크게 하는 환경적 요인을 3 가지 이상 쓰시오. [2 점]

(3) 비닐봉지에 석회를 넣고 흔들어 석회가 비닐봉지 안쪽에 고루 묻어 있게 한다. 시험관 B 봉선화에 석회가 들어있는 비닐봉지를 덮었다. 그러자 잎이 모두 떨어졌다. 왜 그랬을지 설명하시오. [2 점]

# 2 창의적 문제해결력 과학

**25.** 어느 날 밤 12 시 어떤 곳에서 그림처럼 반달이 동쪽 하늘에 떠 있을 때, 동쪽에서 시계 방향으로 90˚ 떨어진 남쪽 하늘에서 어떤 행성이 보였습니다. 다음 물음에 답하시오. [6 점]

□ 유창성
□ 융통성
□ 독창성
☑ 정교성

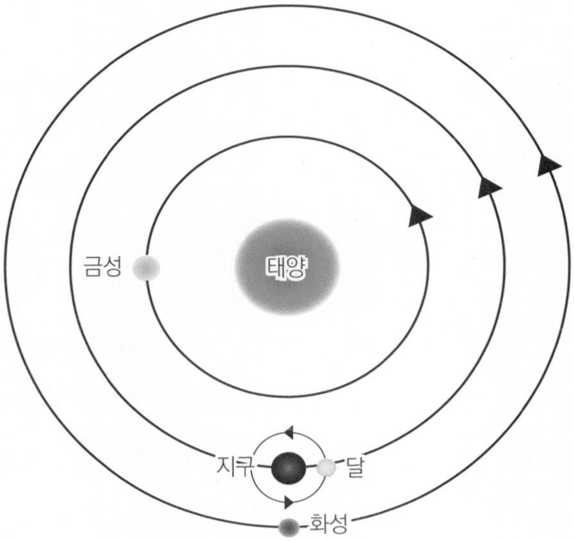


(1) 금성과 화성 중 어떤 행성이 보인 것일지 쓰시오. [1 점]

(2) 밤 12 시 남쪽 하늘에 달과 행성이 어디에 어떤 모습으로 떠 있었을지 그려보시오. [3 점]

정답 및 해설 / 예시 답안 ············> P. 52

(3) 밤 12 시에 남쪽 하늘에서 관측된 행성의 북반구에서 지구를 바라보았다. 태양과 비교하여 어디에 어떤 모습으로 관측될지 그림으로 그려보시오. [2 점]

# 2 창의적 문제해결력 과학

영재교육원 기출 유형

**26.** 과학 선생님이 학생들에게 지층의 단면을 그린 그림을 보여 주며, 그림을 보고 직접 지질 구조에 대해 공부하라고 했다. 다음 그림을 보고 물음에 답하시오. [5 점]

☐ 유창성
☑ 융통성
☐ 독창성
☑ 정교성

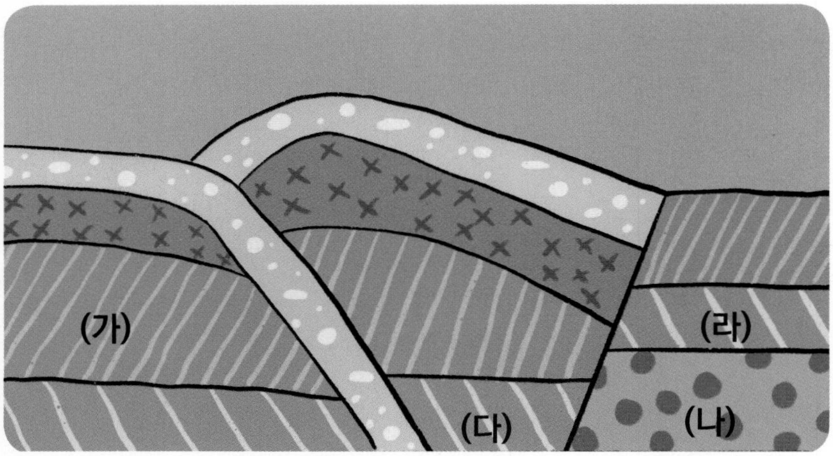


(1) 다음에서 나타나는 지질 구조를 2 개 이상 쓰고, 그런 구조를 가지게 된 원인을 쓰시오. [3 점]

(2) 지층 (가), (나), (다), (라) 의 생성 순서를 오래된 지층부터 차례대로 나열하시오. [2 점]

정답 및 해설 / 예시 답안 ··········> P. 53

대회 기출 유형

**27.** 2018 년 우리나라에서 열린 평창 동계 올림픽에서 여자 쇼트트랙 선수들은 3,000 m 계주에서 금메달을 획득했다. 올림픽은 4 년 마다 개최되는 만큼, 선수들이 자신의 실력을 보여주기 위해 많은 준비를 한다. 그중 하나가 몸을 최상의 상태로 만들어 줄 수 있는 식단을 계획하고 지키는 것이다. 다음 물음에 답하시오. [5 점]

- ☐ 유창성
- ☑ 융통성
- ☐ 독창성
- ☑ 정교성

(1) 운동선수들은 땀을 많이 흘리기 때문에 계속 물을 마시면서 갈증을 해소한다. 체내 구성비가 높은 물이 부족하면 정상적인 활동을 할 수 없기 때문이다. 체내에서 물이 꼭 필요한 이유를 물의 특성과 연관 지어 1 가지 이상 서술하시오. [2 점]

(2) 마라톤처럼 장시간에 걸쳐 많은 에너지가 소비되는 경기를 준비하는 선수들의 식단은 주로 밥과 빵, 곡물류로 이루어져 있다. 이처럼 경기를 앞둔 선수들이 경기력 향상을 위해 약 일주일 정도 탄수화물 식단을 계획하는 이유를 서술하시오. [3 점]

# 2 창의적 문제해결력 과학

영재교육원 기출 유형

**28.** 다음은 식물 공장(plant factory)에 대한 내용이다.

- ☐ 유창성
- ☑ 융통성
- ☐ 독창성
- ☑ 정교성

식물 공장(plant factory)이란 일정하게 통제된 시설에서 배양액을 이용하여 농작물을 생산하는 시스템을 의미한다. 식물 공장의 가장 큰 장점은 기후나 계절에 상관없이 농작물을 생산할 수 있다는 점이다. 또한, 인공 재배 시설을 통한 대량 생산이 가능하므로 농작물의 안정적인 공급에도 긍정적인 영향을 줄 수 있을 것이다.

▲ 식물 공장의 내부 모습

**식물 공장의 원리를 이용하여 밀폐된 공간에서 식물에게 서로 다른 파장의 빛을 24 시간 동안 비추었을 때, 실내의 이산화 탄소 농도를 측정한 결과는 다음과 같다.**

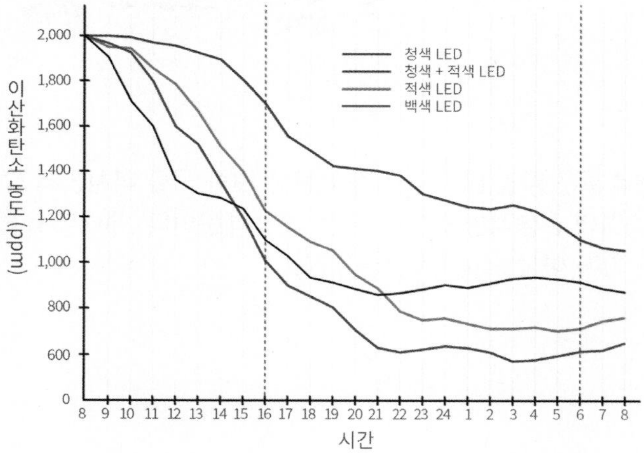


**그래프를 해석하여 식물 재배에 가장 효과적인 빛의 종류를 고르고, 식물 공장에서 태양광을 이용하지 않는 이유를 설명하시오. [5 점]**

P. 54

대회 기출 유형

□ 유창성
☑ 융통성
□ 독창성
☑ 정교성

**29.** 다음은 옛이야기 책의 일부분을 옮겨 놓은 것이다. 이 이야기의 내용에서 밑줄 친 ㉠ ~ ㉢ 중 달의 모양을 잘못 말한 것을 고르시오. 그리고 틀린 부분을 바르게 고쳤을 때의 달 이름과 달의 관측 위치(동쪽, 서쪽, 남쪽, 북쪽 하늘), 관측할 수 있는 시간(아침, 정오, 초저녁, 밤)을 써서 표를 완성하시오. [6 점]

옛날 어느 마을에 달이 차고 기우는 것을 모르는 숙맥 같은 사또가 부임하여 잔치를 벌이고 있었어.

"아니. 오늘은 어찌하여 달이 보이질 않는고? 달이 없으니 잔치판이 흥이 안 나는걸."

그 소리를 듣고 마침 잔치에 왔던 스님 한 사람이 답을 했어.

"사또, 오늘 같은 날 어찌 달이 뜨겠습니까?"

오늘이 음력으로 1 일경이라 달이 보이지 않는다는 뜻으로 그렇게 말했는데, 사또는 말귀를 못 알아듣고 엉뚱한 소리를 하네. 스님은 사또를 골려줄 작정으로 부처님께 돈 쉰 냥을 바치면 달을 볼 수 있을 것이라 말했어. 이 말을 들은 사또는 절에 돈을 보내놓고 한 나흘 뒤에 또 잔치를 별였지.

해가 넘어가고 날이 어둑어둑해지니까, 아닌 게 아니라 서쪽 하늘에서 ㉠ 왼쪽으로 가득 찬 손톱같이 생긴 달이 떠오른단 말이야.

"달이 뜨긴 했으나 너무 작고 희미하군. 좀 더 큰 달을 뜨게 할 수는 없는가?"

"돈을 좀 더 바치시면 더 큰 달을 볼 수 있을 것입니다."

이 말을 들은 사또는 이튿날 돈 백 냥을 절에 보내고, 한 닷새 후에 또 잔치를 하는데 ㉡ 달이 오른쪽으로 가득 찬 반달 모양으로 커졌거든. 그런데 아직 성에 차지 않는단 말이야.
능청꾸러기 스님이 가만히 있을 수 있나.

"저 달은 사또께서 바치신 백 냥 어치 달입니다요. 돈 천 냥이면 둥근 달을 볼 수 있을 겁니다."

그래서 사또는 바로 그날 또 돈 천 냥을 보내고, 한 일주일이 지난 다음에 또 잔치판을 벌였지.

어두워지자마자 ㉢ 쟁반같이 둥근 달이 떠오른단 말이야.

"허허. 이제야 달이 제대로 떴구나."

(1) 달의 모양을 잘못 말하고 있는 것의 기호를 쓰시오. [2 점] (　　　　)

(2) 다음 표를 완성하시오. [4 점]

| 바르게 고친 달의 이름 | 관측 위치 | 관측할 수 있는 시간 |
|---|---|---|
| | | |

# 2 창의적 문제해결력 과학

영재교육원 기출 유형

**30.** 다음은 우리 조상들이 간장을 담글 때, 적당한 소금물의 농도를 달걀로 측정한 방법에 대한 내용이다. 다음 글을 읽고 물음에 답하시오.

☐ 유창성
☑ 융통성
☐ 독창성
☐ 정교성

우리 조상들은 간장을 담그기에 적당한 소금물의 농도를 달걀로 측정했다. 신선한 날달걀을 소금물에 띄웠을 때, 수면 위로 드러나는 부분의 둘레가 500 원 짜리 동전의 둘레와 비슷하면 소금물의 농도가 간장을 담기에 적당하다고 판단했다.

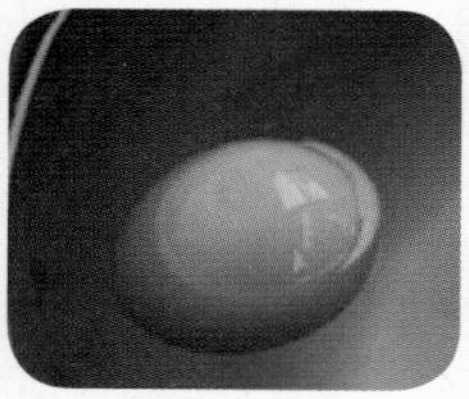

만약 소금물의 농도가 진해지면 수면 위로 드러나는 달걀의 면적은 어떻게 변할지 이유와 함께 설명하시오. [4 점]

대회 기출 유형

**31.** 상상이는 과학 전시관에 놀러 가서 기차 전시물을 봤다. 그 기차 전시물은 스위치를 작동시키면 작은 장난감 기차가 앞으로 나아가다가 위로 공을 발사한다. 이후 그 공은 다시 발사된 부분으로 되돌아온다. [6 점]

☐ 유창성
☑ 융통성
☐ 독창성
☐ 정교성

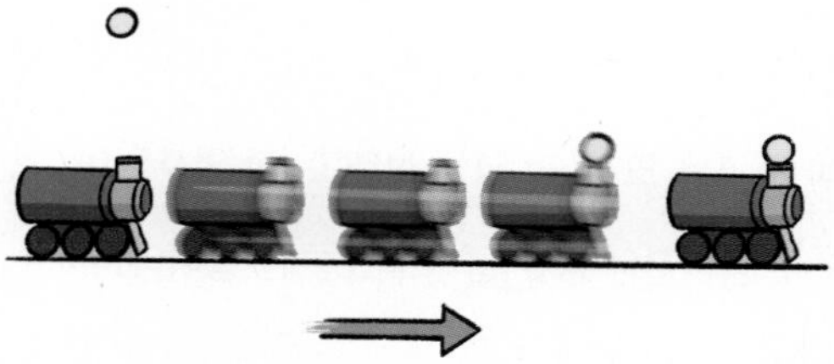

(1) 상상이가 이 기차 전시물을 앞에서 봤을 때, 공은 어떤 운동을 하는지 설명하시오. [3 점]

(2) 상상이가 이 기차에 타서 공을 본다면 공이 어떻게 운동할지 쓰시오. [3 점]

정답 및 해설 / 예시 답안 ············> P. 55

대회 기출 유형

**32.** 다음은 상상이의 실험 과정이다. 물음에 답하시오. (단, 플라스틱 주사기의 피스톤을 움직일 때 마찰력에 의한 오차는 없다고 가정한다.) [6 점]

☐ 유창성
☑ 융통성
☐ 독창성
☑ 정교성

(가) 주사기 A 에 건조한 공기 50 mL 를 넣는다.

(나) <그림 1> 과 같이 주사기 A 와 공기를 뺀 주사기 B 를 구리 코일이 들어있는 유리관으로 연결한다.

(다) 유리관을 충분히 가열한 다음, <그림 2> 와 같이 주사기 A 의 공기를 주사기 B 쪽으로 모두 밀어 낸다.

(라) 장치를 충분히 식혀서 가열 전과 같은 온도가 되도록 한 다음, 주사기 B 에 들어있는 기체의 부피를 측정한다.

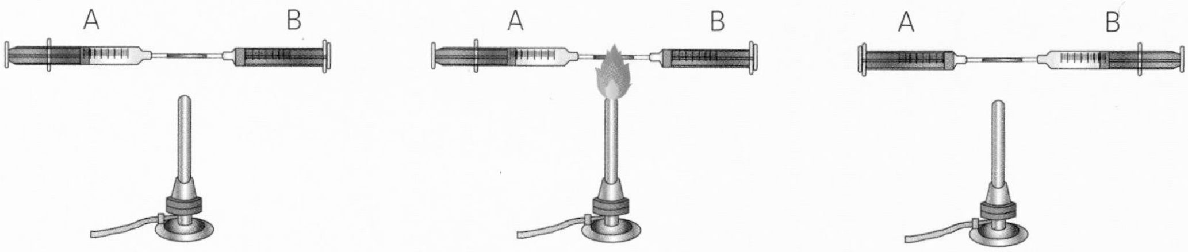


〈그림 1〉 가열 〈그림 2〉

(1) 위 <그림 2> 의 주사기 B 속에 남아 있는 기체 대부분을 차지하는 기체는 무엇인가? [3 점]

(2) 상상이가 실험과정을 잘 따르며 올바르게 실험했다면, (라) 에서 주사기 B 속에 들어있는 기체의 부피는 얼마일까? (단, 유리관 속에 넣어 준 구리의 양이 충분했고, 충분히 가열하였기 때문에 (다) 의 가열 과정 중 연소에 필요한 기체는 모두 소모되었다.) [3 점]

① 10.5 mL ② 28.8 mL ③ 39.5 mL ④ 45.1 mL ⑤ 48.7 mL

**33.** 아래의 준비물을 이용하여 간이 소화기를 만들려고 한다. 다음 물음에 답하시오. [6 점]

☐ 유창성
☑ 융통성
☐ 독창성
☑ 정교성

| | | | |
|---|---|---|---|
| ㉠ 식초 | ㉡ 화선지 | ㉢ 뚜껑이 있는 플라스틱 컵 | ㉣ 빨대 |
| ㉤ 고무찰흙 | ㉥ 실 | ㉦ 탄산 수소 나트륨 | ㉧ 셀로판 테이프 |

(1) 간이 소화기를 만들 때, 화선지로 탄산 수소 나트륨을 싸야 한다. 그 이유는 무엇인지 쓰시오. [1 점]

(2) 위 준비물을 모두 사용하여 간이 소화기를 만드는 방법을 설명하시오. [2 점]

(3) 위 준비물을 모두 사용하여 만든 간이 소화기를 이용해서 양초의 불을 끄는 원리를 설명하시오. [3 점]

대회 기출 유형

**34.** 상상이는 방학 숙제를 하기 위해 강의 상류에서 하류로 이동하면서 세 지역에서 채취한 진흙, 모래, 자갈, 돌 등의 퇴적물을 크기별로 조사하여 비율을 표로 작성하였다.

☐ 유창성
☑ 융통성
☐ 독창성
☐ 정교성

| 알갱이의 크기(mm) | A 지역(%) | B 지역(%) | C 지역(%) |
|---|---|---|---|
| 75 이상 | 1 | 32 | 1 |
| 4 ~ 75 | 11 | 54 | 2 |
| 2 ~ 4 | 24 | 5 | 4 |
| 1 ~ 2 | 56 | 6 | 24 |
| 0.05 이하 | 8 | 3 | 69 |

위의 표를 통해 알 수 있는 것으로 옳은 것만을 <보기> 에서 모두 고르시오. [5 점]

보기

(가) : 퇴적물의 침식 작용이 가장 활발할 것으로 생각되는 지역은 A 이다.

(나) : 모래를 채취하기 가장 좋은 지역은 B 이다.

(다) : 알갱이의 모양이 가장 둥근 지역은 C 이다.

(라) : C 지역은 A 지역보다 퇴적 작용이 활발하다.

(마) : 세 지역 중에서 A 지역이 상류 지역이다.

# 2 창의적 문제해결력 과학

영재교육원 기출 유형

**35.** 다음은 스타이로폼 구를 이용하여 스타이로폼 구의 운동을 관찰하는 실험 과정을 나타낸 것이다. 물음에 답하시오. [6 점]

☐ 유창성
☑ 융통성
☐ 독창성
☑ 정교성

[ 실험 과정 ]

(가) 스타이로폼 구에 구멍을 뚫어 실을 끼운 후 한쪽 끝에 매듭을 짓는다.

(나) 스타이로폼 구에 연결한 실의 한쪽을 플라스틱 병의 뚜껑 안쪽에 셀로판 테이프를 이용해 붙인다. 이 과정으로 똑같은 플라스틱 병을 한 개 더 만든다.

(다) 스타이로폼 구가 매달려 있는 하나의 플라스틱 병에는 물을 넣고, 뚜껑을 닫는다. 또 다른 스타이로폼 구가 매달려 있는 플라스틱 병에는 물을 넣지 않고, 뚜껑을 닫는다.

(라) 2 개의 플라스틱 병의 뚜껑을 맞대고 테이프로 연결한다.

(마) 오른쪽 그림과 같이 물이 담긴 플라스틱 병이 위로 가도록 가운데 부분을 잡고 오른쪽으로 갑자기 움직여 두 스타이로폼 구의 모습을 관찰한다.

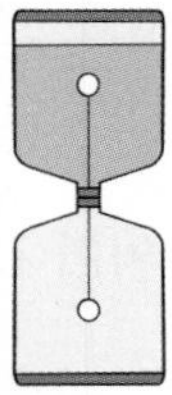

(1) 두 스타이로폼 구는 각각 오른쪽과 왼쪽 중에 어느 방향으로 움직였을까? [2 점]

| | |
|---|---|
| 물 속(위쪽 병 속)의 스타이로폼 구 | |
| 공기 속(아래쪽 병 속)의 스타이로폼 구 | |

(2) (1) 번의 답과 같이 움직이는 이유를 설명하시오. [3 점]

(3) 스타이로폼 구의 이동 방향이 위 실험 결과와 반대로 나타나게 하는 방법을 1 가지 제시하시오. (단, 위 준비물 외에 다른 준비물은 사용할 수 없다.) [1 점]

정답 및 해설 / 예시 답안 ··········> P. 58

**36.** 소금이 물과 아세톤 중 어느 것에 녹는지 알아보기 위한 실험을 하려고 한다. 다음 물음에 답하시오.

[5 점]

☐ 유창성
☑ 융통성
☐ 독창성
☑ 정교성

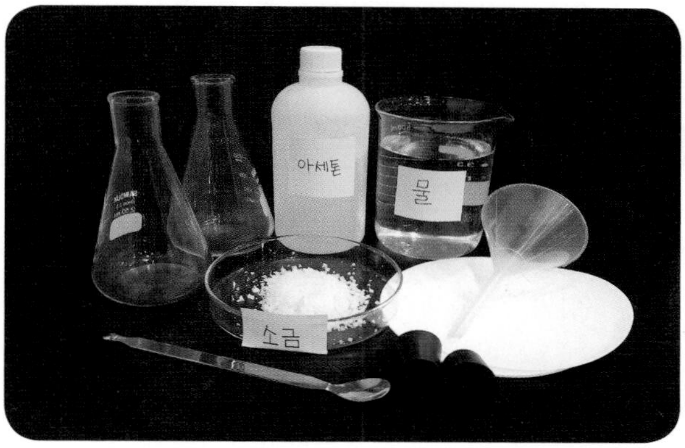


(1) 다음 <보기> 의 준비물을 모두 사용하여 소금이 물과 아세톤 중 어느 것에 녹는지 알아보기 위한 실험 과정을 정밀하게 설계해 보시오. [2 점]

**보기**

소금, 아세톤, 물, 삼각 플라스크 250 mL 2 개, 약숟가락, 고무마개, 깔때기, 거름종이

(2) 소금은 물과 아세톤 중 어느 곳에 녹을지 쓰고, 녹는 과정에서 질량과 부피는 어떻게 변하는지 설명하시오. [2 점]

(3) 용질이 고체일 때, 용매에 녹는 속도를 더 빠르게 할 수 있는 방법에는 무엇이 있을지 쓰시오. [1 점]

# 2 창의적 문제해결력 과학

영재교육원 기출

**37.** 무한이는 엄마가 김장하기 위해 그릇에 담아 놓은 굵은 소금에 후추통을 떨어뜨려 굵은 소금과 후추가 모두 섞였다. 무한이가 가지고 있는 다음 <보기> 의 도구를 사용하여 굵은 소금과 후추를 최대한 분리할 수 있는 방법을 생각하여 다음 물음에 답하시오. [6 점]

- ☐ 유창성
- ☑ 융통성
- ☑ 독창성
- ☑ 정교성

**보기**

무한이가 사용할 수 있는 도구 : 유리컵, 연필, 고무 풍선, 가위, 화분, 스웨터

(위의 도구들과 무한이의 신체 이외의 다른 것은 사용할 수 없다.)

※ 소금은 수분을 흡수하는 성질이 있다. 소금의 물기로 인해 후추가 소금에 달라 붙으면 잘 떨어지지 않기 때문에 소금과 후추를 완벽히 분리하기는 어렵다. 단, 이 문제에서는 이러한 소금의 성질을 고려하지 않는다.

(1) 무한이가 사용할 수 있는 도구를 1 가지 이상 고르시오. [1 점]

(2) 무한이가 (1) 번에서 고른 도구를 모두 이용하여 어떤 방법으로 굵은 소금과 후추를 분리할 수 있는지 설명하시오. [2 점]

(3) 무한이가 (2) 번에서 이용한 방법의 과학적 원리를 설명하시오. [3 점]

정답 및 해설 / 예시 답안 ···········> P. 60

대회 기출 유형

**38.** 상상이는 오늘 과학 시간에 물과 에탄올을 섞은 후 부피를 측정하였다. 물음에 답하시오. [5 점]

- ☐ 유창성
- ☑ 융통성
- ☐ 독창성
- ☐ 정교성

**실험방법**

(가) 물과 에탄올을 200 mL 눈금 실린더에 각각 50 mL 씩 넣는다.

(나) 에탄올이 들어 있는 눈금 실린더에 물 50 mL 를 모두 부은 후, 부피를 측정한다.

(1) 근대 입자설에 대해 데모크리토스와 아리스토텔레스는 서로 다른 주장을 했다. 데모크리토스는 물질은 더 이상 쪼갤 수 없는 입자로 이루어져 있으며, 입자와 입자 사이에는 빈 공간이 존재한다는 입자설을 주장했다. 아리스토텔레스는 물질은 없어질 때까지 계속 쪼갤 수 있으며, 빈 공간의 존재를 인정하지 않은 연속설을 주장했다. 위의 실험 결과를 봤을 때 누구의 주장이 맞는지 쓰고, 실험 결과와 관련지어 이유를 설명하시오. [3 점]

(2) 위와 같이 눈금 실린더를 사용하여 액체의 부피를 측정할 때 주의해야 할 점을 쓰시오. [2 점]

# 2 창의적 문제해결력 과학

영재교육원 기출 유형

**39.** 유네스코 세계문화유산으로 등록된 해인사의 장경각에는 국보 제 32 호인 팔만대장경이 있다. 이 팔만대장경은 고려 시대에 만들어진 이후 750여 년의 세월이 지난 현재까지 잘 보존되어 있다. 각각의 경판은 길이 68 ~ 78 cm, 폭이 약 24 cm, 두께 2.7 ~ 3.3 cm, 무게는 3 ~ 3.5 kg 정도이다. 현재 팔만대장경이 보관된 장경각은 책이나 목판을 보관하는 곳인 만큼 적당한 습도가 유지되고, 바람이 잘 통하게 되어 있다.

- ☐ 유창성
- ☑ 융통성
- ☐ 독창성
- ☑ 정교성

▲ 장경각 건물 앞쪽

▲ 장경각 건물 뒤쪽

장경각 앞쪽의 벽면 창의 크기는 아래 창이 위 창보다 크고, 뒤쪽의 벽면 창의 크기는 위 창이 아래 창보다 크다. 장경각의 이러한 창의 구조가 습도를 유지하고, 바람이 잘 통하는 이유를 설명하시오. [5 점]

정답 및 해설 / 예시 답안 ··········> P. 62

□ 유창성
☑ 융통성
□ 독창성
□ 정교성

**40.** 전 세계 어린이들에게 '니모' 로 통하는 흰동가리는 말미잘의 촉수 사이에 숨어 적을 피하거나 알을 낳고, 지킨다. 말미잘은 흰동가리가 촉수로 말미잘의 먹이가 되는 물고기를 유인해주어 먹이를 쉽게 구할 수 있다. 우리 주위의 여러 생물 중 흰동가리와 말미잘과 같은 관계를 맺고 살아가는 예를 2 가지 쓰고, 서로 어떤 영향을 주는지 설명하시오. [4 점]

# 2 창의적 문제해결력 과학

**41.** 상상이는 친구들과 점심시간에 밥을 먹고 체육관에 가서 놀기로 했다. 상상이와 친구들은 밥을 먹자마자 체육관으로 뛰어가 누가 더 물구나무서기를 오래 할 수 있는지 시합하기로 했다. 다음 물음에 답하시오. [5 점]

- ☐ 유창성
- ☑ 융통성
- ☐ 독창성
- ☐ 정교성

(1) 상상이와 친구들은 밥을 먹자마자 물구나무서기를 해도 음식물이 입 밖으로 나오지 않았다. 그 이유가 무엇일지 기계적 소화와 관련지어 설명하시오. [3 점]

(2) 다음 중 기계적 소화에 해당하는 것을 <u>모두</u> 고르시오. [2 점]

① 음식물을 씹어 잘게 부순다.
② 혀로 음식물을 골고루 섞는다.
③ 침에 들어 있는 아밀레이스에 의해 녹말이 엿당으로 분해된다.
④ 위의 근육 운동으로 위액과 음식물이 고루 섞인다.
⑤ 펩신에 의해 단백질이 중간 산물로 분해된다.

**42.** 다음은 영화 '딥 블루 씨(Deep blue sea)' 의 한 장면에 대한 글이다. 글을 읽고 물음에 답하시오. [6 점]

☐ 유창성
☑ 융통성
☐ 독창성
☑ 정교성

'딥 블루 씨(Deep blue sea)'는 사람을 공격하는 상어를 피하기 위해 수중의 연구소로부터 지상으로 대피하면서 겪는 고난의 상황들을 그린 영화이다. 많은 희생을 치르고 살아남은 연구원들은 더 이상 피할 곳이 없자 직접 물속을 헤엄쳐 수면 위로 올라가는 방법을 택하게 되는데, 이때 주인공은 연구원들에게 숨을 내뱉으며 올라가라고 주의를 시킨다.

▲ 영화 '딥 블루 씨'의 한 장면

(1) 수중 18 m 지점은 지상의 약 3 배의 압력이 가해지는 곳이다. 만약 주인공이 있는 연구소 위치가 수중 18 m 지점이었다면 연구소에서 기체의 부피는 지상에서 기체의 부피의 몇 배인가? (단, 온도는 일정하다고 가정한다.) [3 점]

(2) 연구원들이 숨을 내뱉지 않고 수면 위로 올라가면 몸에는 어떤 변화가 일어날지 설명하시오. [3 점]

# 2 창의적 문제해결력 과학

대회 기출 유형

**43.** 다음 그림은 창가 근처에 있는 물로 채운 수조에 수생식물이 물 표면에 떠서 자라고 있고, 그 물 위에 오리 장난감이 떠 있는 모습이다. 수조에서 관찰할 수 있는 과학적 현상에는 무엇이 있을지 <보기> 처럼 2 가지를 생각하여 표를 완성하시오. [5 점]

- ☐ 유창성
- ☑ 융통성
- ☐ 독창성
- ☑ 정교성

보기

| 과학적 현상 | 설명 |
|---|---|
| 증발 | 수조의 물은 증발에 의해 시간이 지날수록 물이 공기 중으로 날아갈 것이다. |

| 과학적 현상 | 설명 |
|---|---|
| | |
| | |
| | |

정답 및 해설 / 예시 답안 ···········> P.64

**44.** 혈액의 구성 성분은 대부분 물로 구성되어 있고 영양소와 노폐물 등이 녹아 있는 혈장과 혈액의 세포 성분인 혈구가 있다. 혈구에는 적혈구, 백혈구, 혈소판이 있다. 다음은 혈구 중 가장 많은 수를 차지하는 적혈구에 대한 설명이다. [6 점]

- □ 유창성
- ☑ 융통성
- □ 독창성
- ☑ 정교성

▲ 적혈구

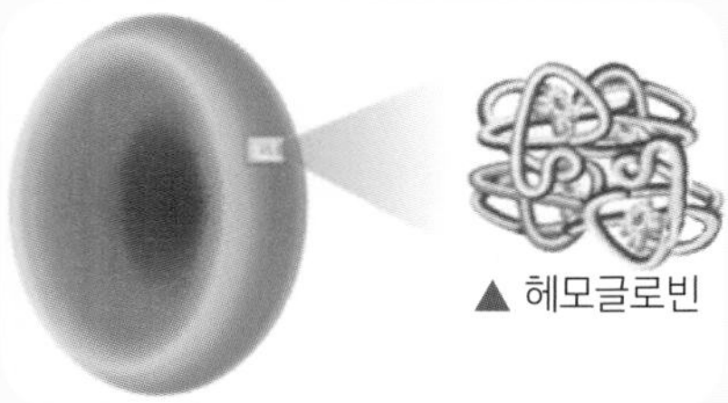

▲ 헤모글로빈

적혈구는 혈액세포 중에서 가장 많은 비율을 차지하는 세포로 붉은색의 가운데가 오목한 원반 모양을 하고 있으며 혈관을 통해 우리 몸의 조직에 산소를 공급하는 역할을 한다. 적혈구는 산소 운반에 특화된 세포로 다른 세포들과는 다르게 핵이 없고 여러 가지 세포 소기관이 없는 대신에 헤모글로빈을 많이 포함하고 있다. 헤모글로빈은 색소 단백질로 산소를 운반하는 역할을 하는 단백질이다. 헤모글로빈 1 g 당 1.36 mL 의 산소와 결합할 수 있다. 적혈구 1 개에는 약 300만 개의 헤모글로빈이 들어있다.

(1) 적혈구가 다른 세포들과는 다르게 매우 단순한 구조를 하고 있어서 좋은 점에는 어떤 것이 있는지 그 기능과 관련지어 써 보시오. [3 점]

(2) 세포는 눈에 보이지 않는 아주 작은 크기부터 맨눈으로 볼 수 있는 크기까지 매우 다양하다. 그중 우리 몸을 구성하는 세포들은 대부분 매우 작은 크기로 이루어져 있으며, 일정한 크기 이상 커지지 않고 세포 분열 과정을 통해 여러 개의 세포로 나누어진다. 세포의 크기가 작을수록 유리한 점에는 무엇이 있을지 써 보시오. [3 점]

# 2 창의적 문제해결력 과학

대회 기출 유형

**45.** 아마존의 원주민들은 바람 총을 사용하여 동물들을 사냥한다. 바람 총은 대롱에 독침을 넣어 입으로 바람을 불면 독침이 발사된다. 독침은 수평 거리일 때 30 ~ 40 m 정도의 거리를 날 수 있고, 사냥할 동물에 명중하면 그 동물의 몸에 5 ~ 10 cm 깊이로 꽂힌다. 다음 물음에 답하시오. [5 점]

☐ 유창성
☑ 융통성
☐ 독창성
☐ 정교성

(1) 바람 총을 사용하여 동물들을 사냥하는 것과 관련된 설명으로 <보기> 에서 옳은 것을 모두 고르시오. (단, 독침이 대롱을 벗어날 때까지 계속 일정한 힘으로 대롱을 분다고 가정하고, 공기의 저항이나 바람의 효과는 무시한다.) [3 점]

보기

(가) 대롱을 지면과 수평으로 해서 불 때, 독침의 무게가 달라져도 독침이 땅에 떨어지는 시간은 항상 일정하다.

(나) 대롱을 지면과 수평으로 해서 불 때, 독침이 땅에 떨어질 때까지 걸리는 시간은 대롱을 부는 힘의 크기와 관계가 없다.

(다) 입에서 일정한 힘으로 불기 때문에 대롱의 길이에 관계없이 대롱을 빠져나가는 순간 독침의 속력은 일정하다.

(2) 대롱의 길이가 길수록 독침이 발사되는 거리는 더 멀어질까? 답을 쓰고, 이유를 설명하시오. [2 점]

대회 기출 유형

# 46.

☐ 유창성
☑ 융통성
☐ 독창성
☑ 정교성

상상이네 학급은 학교에서 열리는 체육 대회를 위해 학년과 반이 쓰여진 운동복을 제작했다. 다음 그림은 상상이가 제작한 운동복을 입고 서서 거울을 보고 있는 모습이다. 그림은 빛이 평면거울에 의해 반사되어 상이 생기는 원리를 간단히 나타낸 그림이다. 물음에 답하시오. (단, 평면거울과 상상이의 거리는 50 cm 이고, 상상이의 키는 160 cm 이다.) [6 점]

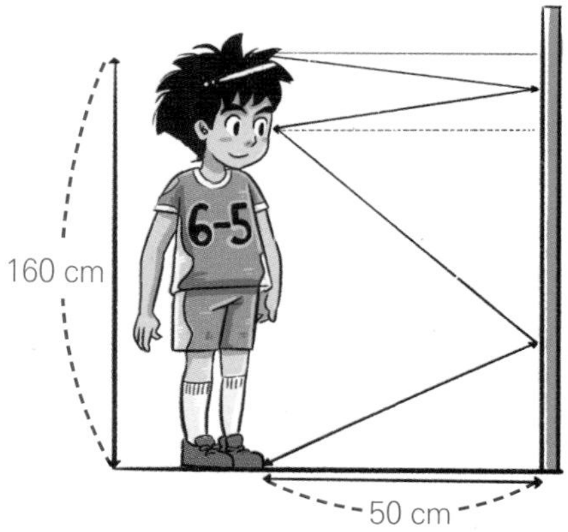


(1) 거울에 보이는 상상이의 모습에 대해 옳게 설명하고 있는 것을 모두 고르시오. [2 점]

① 상상이의 키가 160 cm 로 똑같이 보인다.
② 상상이의 운동복의 숫자 '6-5' 는 좌우 반전되어 보인다.
③ 평면거울에 의한 상상이의 상은 거울 뒤 1 m 위치에 생긴다.
④ 상상이가 거울로부터 가까이 있을 때와 멀리 있을 때의 상의 모습이 다르다.
⑤ 상상이가 거울로부터 50 cm 뒤로 더 물러나면 상상이로부터 상까지의 거리는 1 m 가 된다.

(2) 상상이가 전신을 보기 위해 필요한 거울의 최소 길이는 몇 cm 일까? [2 점]

(3) 상상이가 보고 있는 거울을 평면 거울 대신에 볼록 거울을 설치하여 상상이의 몸 전체를 비춰보려면, 볼록 거울은 평면 거울보다 더 큰 거울이 필요할지 더 작은 거울로도 가능할지에 대해 쓰고, 이유를 설명하시오. [2 점]

# 2 창의적 문제해결력 과학

**47.** 광합성이 밝혀지기 전 18세기 말 영국의 프리스틀리는 밀폐된 유리 용기 안에 쥐를 넣어두면 얼마 후 쥐가 죽지만 식물과 함께 넣어두면 계속 생존하는 것을 관찰하였다. 다음 물음에 답하시오. [5 점]

- ☐ 유창성
- ☑ 융통성
- ☐ 독창성
- ☑ 정교성

**실험방법**

(가) (나) (다) (라)

(가) 유리 용기 안에 촛불을 넣는다.

(나) 유리 용기 안에 쥐를 넣는다.

(다) 유리 용기 안에 식물과 촛불을 함께 넣는다.

(라) 유리 용기 안에 식물과 쥐를 함께 넣는다.

정답 및 해설 / 예시 답안 ············> P. 67

(1) 프리스틀리는 <실험 방법> 과 같이 (가) ~ (라) 의 순서로 실험을 했다. 양초와 쥐가 각각 어떻게 될지 실험 결과를 적고, 그 이유를 쓰시오. [4 점]

| 구분 | 실험 결과 | 이유 |
|---|---|---|
| (가) | | |
| (나) | | |
| (다) | | |
| (라) | | |

(2) 이 실험을 통해 프리스틀리가 발견한 사실은 무엇인가? [1 점]

# 2 창의적 문제해결력 과학

**48.** 다음 두 가지의 실험은 기체의 확산 속도에 대해 알아보기 위한 실험이다. 두 번째 실험은 첫 번째 실험 결과를 다시 한 번 확인하기 위해 다른 방법으로 실험을 설계했다. 두 가지의 실험은 모두 암모니아 기체가 염화 수소 기체보다 확산 속도가 빠르다는 것을 보여준다. (단, 모든 실험은 같은 온도와 압력에서 진행되었다고 가정한다.) [5 점]

□ 유창성
☑ 융통성
□ 독창성
☑ 정교성

<첫 번째 실험 과정>

투명하고 긴 유리관의 양 끝에 진한 암모니아 수와 진한 염산을 묻힌 솜을 동시에 넣은 후, 고무마개로 유리관의 양 끝을 막는다.

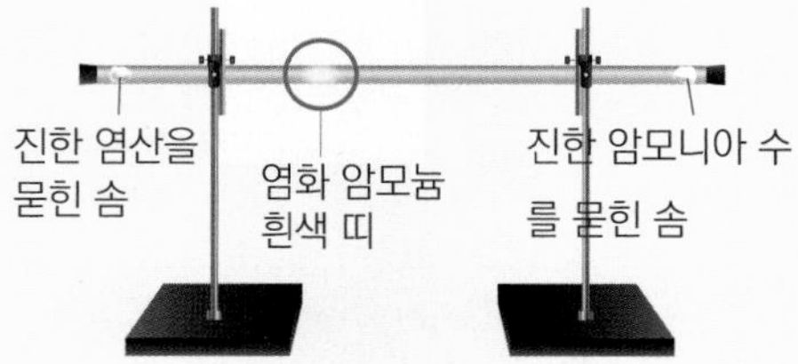


<실험 결과>

진한 염산을 묻힌 솜 가까이에서 흰색의 띠가 생긴다.

<두 번째 실험 과정>

실험 1

① 한 개의 비커에 물을 담고 BTB 용액을 2 ~ 3 방울 떨어뜨린다.

② 다른 비커에는 진한 암모니아 수를 넣고, 두 비커를 수조로 덮는다.

③ BTB 용액의 색깔이 변하는 시간을 잰다.

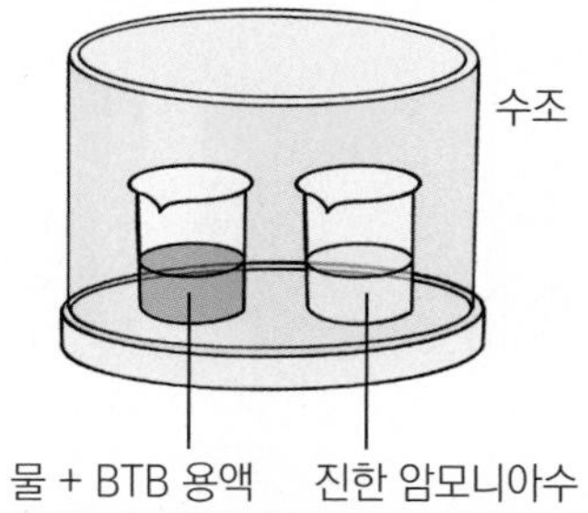


실험 2

① 실험 1 의 ① 번과 같이 한 개의 비커에 물을 담고 BTB 용액을 2 ~ 3 방울 떨어뜨린다.

② 다른 비커에는 진한 암모니아 수 대신 진한 염산을 넣고, 두 비커를 수조로 덮는다.

③ BTB 용액의 색깔이 변하는 시간을 잰다.

정답 및 해설 / 예시 답안 ··········> P. 68

(1) 두 번째 실험에서 암모니아 기체가 염화 수소 기체보다 확산 속도가 빠르다는 것을 어떻게 알 수 있는지 설명하시오. [3 점]

(2) 이 두 가지 실험을 통해 확인할 수 있는 내용으로 <보기> 에서 옳은 것을 고르시오. [2 점]

보기

㉠ 이 실험으로 암모니아와 염화 수소의 끓는점을 비교할 수 있다.
㉡ 암모니아 기체가 염화수소 기체보다 물에 더 잘 녹는다.
㉢ 암모니아 기체가 염화수소 기체보다 가볍다.

# 2 창의적 문제해결력 과학

영재교육원 기출 유형

**49.** 다음 글을 읽고 물음에 답하시오. [5 점]

- ☐ 유창성
- ☑ 융통성
- ☐ 독창성
- ☐ 정교성

우리가 숨을 쉴 때, 공기는 콧속을 지나 기관과 기관지를 통해 폐 속으로 이동한다. 이때 공기가 지나는 길인 기관의 내부 표면에는 섬모가 존재한다. 섬모는 기관의 벽에 수없이 많이 나 있는 작은 털로 섬모의 돌출된 구조는 좁은 공간의 표면적을 넓게 해주어 호흡기 내의 먼지, 세균, 등을 몸 밖으로 내보내는 데 효과적이다. 우리가 보통 가래라고 하는 것도 섬모의 작용으로 만들어진 세균과 먼지 덩어리이다.

▲ 기관의 섬모

(1) 위의 글과 같이 다음 <보기> 중 우리 몸에서 넓은 표면적이 장점으로 작용하기 위해 특정한 구조를 가진 기관을 모두 고르시오. [2 점]

보기

| | | | | |
|---|---|---|---|---|
| 폐 | 소장 | 위 | 방광 | 대장 |

(2) (1) 번에서 답으로 고른 기관의 구조가 넓은 표면적으로 인해 어떤 장점이 있는지 설명하시오. [3 점]

정답 및 해설 / 예시 답안 ············> P. 69

## 50. 다음은 지구와 달의 내부 구조와 일반적인 특징에 대해 설명한 내용이다. [5 점]

☐ 유창성
☑ 융통성
☐ 독창성
☑ 정교성

달은 지구와 같이 맨틀과 핵을 가지고 있다. 달의 핵은 전체 질량의 2 % 정도로 작고, 유동하는 액체 상태가 아니며 맨틀은 지구와 달리 매우 차갑다고 한다. 달의 공전 주기와 자전 주기는 27.3 일로 같고, 표면의 대기압은 0 기압이라고 한다.

(1) 지구와 달의 내부 구조 차이로 인해 달에서 나타나는 현상을 쓰고, 설명하시오. [3 점]

(2) 위의 제시된 글을 토대로 달에서 일어날 수 있는 현상을 쓰시오. (단, (2) 번에 제시한 답은 인정되지 않는다.) [2 점]

N
S
N
O
H
HN
OH
CREATIVE
THINKING!
6
C
N
S
BEST
GO
꾸러미 120제

Part 3

# STEAM(융합) / 심층 면접

# 3 | STEAM(융합)

## 01. 다음은 놀이터 사고에 관한 내용이다. [8 점]

어린이 중상 사고 4 건 가운데 1 건은 실내외 놀이터에서 발생하고 있다. 놀이터에서는 크고 작은 사고가 자주 일어나고 있는데, 최근 3 년 동안 어린이가 사망하거나 한 달 이상 치료를 받은 중상 사고 가운데 23 % 는 놀이터에서 발생하였다. 인지 능력이 성인에 비해 부족한 아이들은 위험한 상황에서 판단을 제대로 하지 못하고 사고를 당하게 되지만 사고의 주요 원인은 어린이들이 놀이터의 기구를 부주의하게 이용하기 때문이다. 사고 유형별로는 추락과 충돌, 넘어짐에 의한 것이 가장 많다. 그 외에는 놀이 기구의 고장과 안전 검사에 불합격한 위험한 놀이터들이 곳곳에 방치되어 있어 아이들이 사고를 당할 수 있다. 그러한 놀이터에는 고장난 나사가 방치되어 있거나, 앞 뒤로 60 ° 이상 올라가서는 안되는 그네의 고정 장치가 제대로 고정되어 있지 않아 위험 요소가 되고 있다.

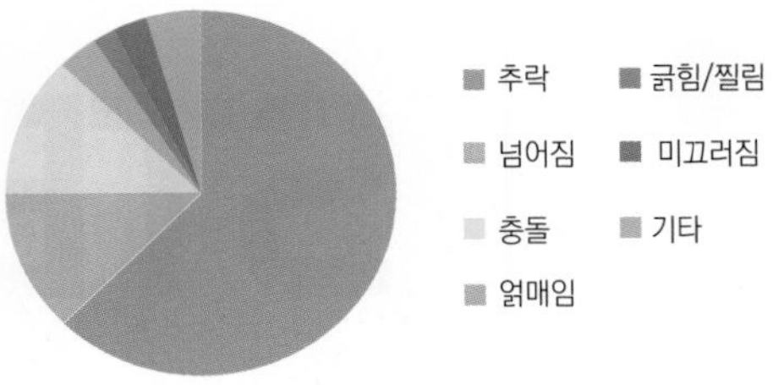

▲ 사고 유형별 사고 현황

(1) 놀이터나 놀이 공원의 기구들에는 과학적 원리가 숨어 있다. 놀이터의 그네는 놀이공원에 가면 볼 수 있는 바이킹과 같은 원리로 움직인다. 그네와 바이킹에 공통적으로 작용하는 힘을 있는 대로 찾아보시오. [3 점]

정답 및 해설 / 예시 답안 ·············> P. 71

(2) 주어진 자료에서도 볼 수 있듯이 놀이터에서 가장 많이 발생하는 사고의 유형은 추락이며 그네에서도 추락 사고가 자주 발생한다. 어린이들은 그네를 타다가 넘어지거나 추락하여 다리가 골절되고 심하면 뇌진탕이 발생하고 있다. 내가 만약에 그네를 만든다면 현재 그네에서 발생하는 넘어짐이나 추락, 충돌 등의 사고를 줄일 수 있는 그네를 글이나 그림으로 표현해 보시오. [5 점]

▲ 현재의 그네 모습

| | |
|---|---|
| 내가 만든 그네 | |

# 3 | STEAM(융합)

## 02. 다음은 치매에 관한 내용이다. 글을 읽고 물음에 답하시오. [10 점]

**내비게이션만 바라보다간 치매 걸릴 수도**

- 자연 세상과 단절되고 뇌의 탄력성 떨어져…대뇌측두엽의 해마 계속 활성화 시켜야

첨단 내비게이션만 믿고 있다가는 뇌가 손상돼 알츠하이머병에 걸릴 확률이 높아진다는 주장이 나왔다. 영국 신문사 데일리메일은 런던 소재 왕립항법학회(RIN)의 데이비드 배리 연구원이 웨일스 헤이온웨이의 세계적인 문학축제 '헤이페스티벌(Hay Festival)' 에서 "내비게이션과 같은 첨단 기술은 뇌의 탄력성을 잃게 한다"고 경고했다. 알츠하이머병 환자에게서 가장 전형적으로 나타나는 초기 증상이 방향감각 상실이다. "그러므로 방향감각을 관장하는 뇌 부위인 해마를 자꾸 활성화 시켜줘야 한다"고 설명했다. [발췌 : 20XX.05.31 아시아 경제]

▲ 자동차 내비게이션

**'냉장고를 부탁해' 박철민, "치매 앓는 어머니 음식 그리워"…시식 도중 울컥**

'냉장고를 부탁해'에서 박철민은 치매를 앓고 있는 어머니가 만든 추억의 음식 맛을 재현한 쉐프의 요리를 시식하고 감정을 주체하지 못해 오열하는 모습을 보였다. 이어 대결이 끝나고, 치매를 앓고 있는 아버지를 둔 정호영 쉐프도 참았던 눈물을 터뜨려 모두의 눈시울을 붉혔다. [발췌 : 20XX.03.05 서경스타]

**"서로를 알아보는 시간". '치매 환자' 위한 예술 체험**

우리나라 65 세 이상 노인 10 명 가운데 1 명은 치매를 앓고 있다. 병으로 지쳐 있는 환자와 가족의 심신을 위로하기 위해 미술관과 치매 학회가 예술체험 프로그램을 마련했다. 환자와 가족들이 손에 손을 잡고 잔디밭에서 조각 작품에 대한 설명도 듣고 유명한 작품 앞에서 인증 사진도 남긴다. 서로의 얼굴과 이 시간을 오래 기억할 수 있도록 폴라로이드 사진에 담아낸다. 미술 체험을 통해 환자들은 일상 생활수행 능력의 중요성도 느끼고, 가족과 함께 심신을 위로하는 의미 있는 시간을 보낸다. 특히 자신의 기억능력과 손 근육을 활용해 작품을 만들고 발표하는 창작 수업은 환자나 보호자 모두에게 큰 인기이다. 작품을 감상하는 곳이기도 하지만 관람객과의 대화도 중요하다면서 아픔이 있거나 도움이 필요한 사람에게도 모든 프로그램이 열려 있다고 미술관은 설명한다. [발췌 : 20XX.05.28 YTN]

정답 및 해설 / 예시 답안 ……………> P. 72

(1) 다음 표를 참고하여 우리 주변에 치매 환자가 점점 늘어나는 이유를 설명하시오. [4 점]

| 치매의 종류 | | 주요 위험 요인 |
|---|---|---|
| 비가역적 치매 | 퇴행성 뇌 질환에 의한 치매<br>: 알츠하이머병, 전측두엽치매, 루이체 치매 등 | 고령, 가족력, 저학력, 우울증, 성별(여성), 머리 외상, 흡연 등 |
| 반가역적 치매 | 뇌혈관성 치매 | 고혈압, 심장병, 당뇨병, 동맥경화, 고지혈증, 흡연 등 |
| 가역적 치매 | 사성 치매<br>: 뇌종양에 의한 치매, 영양결핍에 의한 치매 등 | 감상선기능저하증. 경막하출혈, 정상압 뇌수종, 양성 뇌종양, 비타민 $B_2$ 결핍 등 |

(2) 다음 그림은 정상 노인과 치매 노인의 뇌 단면이다. 치매 걸린 노인의 뇌는 뇌세포가 많이 줄어들어 부피가 작아진 것을 볼 수 있다. 특히 운동 반응을 위한 운동 명령을 내리거나, 기억, 사고, 추리 등 고도의 정신활동을 담당하는 대뇌의 부피가 작아진다고 하는데, 작아진 대뇌로 인해 행동과 사고에 어떤 변화가 생길지 말해보시오. (여러 가지를 쓸수록 점수가 높습니다.) [4 점]

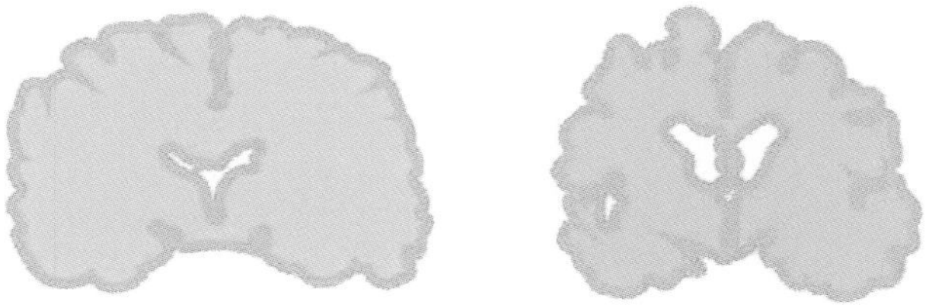

정상 노인의 뇌 단면　　　알츠하이머병 노인의 뇌 단면

(3) 치매 환자들과 가족들을 위한 다양한 예술 프로그램이 늘고 있다. 특히 회상 중심의 집단예술치료는 환자들의 인지 능력뿐만 아니라 자아 통합감과 삶의 질에도 긍정적인 영향을 미친다는 연구결과가 있다. 치매 환자와 가족을 돕기위해 VR 을 이용해 컨텐츠를 만든다고 하면, 어떤 내용의 컨텐츠를 만들 것인지 설명하시오.

[2 점]

**03.** 다음은 글을 읽고 물음에 답하시오. [10 점]

**더위와 함께 찾아온 식중독 주의보**

최근 낮 최고 기온이 30 °C 를 넘나드는 더위와 함께 식중독 주의보가 발령되었다. 식중독은 구토와 설사, 복통 등을 동반하며 발열, 근육 경련까지 추가적으로 나타날 수 있는 질환이다. 식중독을 예방하기 위해서는 여름철에 맞는 생활 습관 관리와 외출 후에 손을 꼭 씻는 개인위생 관리가 중요하다.
[발췌 : 20XX.06.15 이데일리]

**충북 초·중·고 유행성 독감 확산 '비상'**

독감이 충북지역 초·중·고등학교로 확산되며 교육당국이 비상에 걸렸다. 독감의 증상은 두통과 기침, 인후통, 발열, 오한, 근육통 등으로 감기와 비슷하지만 방치하면 폐렴 등의 합병증으로 이어질 수 있다. 또한 학교에서 이뤄지는 수업과 체육 활동은 대부분이 무리를 지어 활동하므로 쉽게 전파되기 십상이다.
[발췌 : 20XX.04.23 충청일보]

**식중독을 일으키는 '세균'**

식중독은 세균에 의한 급성 또는 만성적인 질병이다. 세균은 원핵 생물로 0.2 ~ 10 μm 정도의 크기를 갖는다. 세포막과 세포벽을 가지고 있어 세포 구조를 갖추고 있지만, 핵이 없어 유전 물질인 핵산(DNA, RNA)이 세포질에 퍼져 있다. 세균은 다른 생물의 도움 없이 스스로 영양분이나 에너지를 만들어 증식한다.

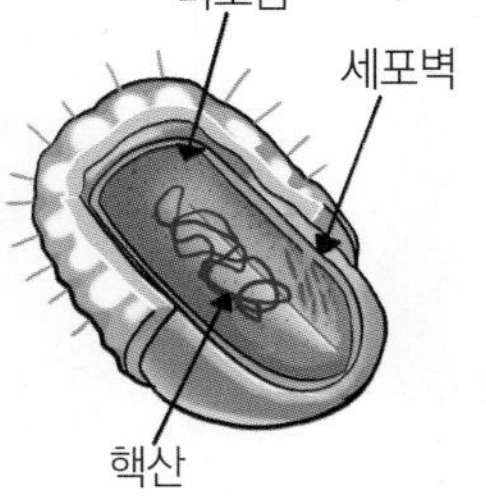

▲ 세균의 구조

**독감을 일으키는 '바이러스'**

독감은 인플루엔자라는 바이러스에 의한 호흡기 질병이다. 바이러스는 세균보다 크기가 훨씬 작다. 세포막이 없어 세포 구조가 아닌 단백질 결정체로 존재하며, 핵이 없으므로 단백질 결정체 안쪽에 유전 물질인 핵산(DNA 또는 RNA)이 퍼져있다. 바이러스는 살아 있는 다른 생물의 세포 내에서 도움을 받아야만 증식할 수 있다. 독감을 일으키는 인플루엔자는 사람의 세포 내에서 증식하여 질병을 일으키는 것이다. 또 다른 바이러스로 박테리오파지는 특이적으로 세균의 내부에서 기생하여 증식한다.

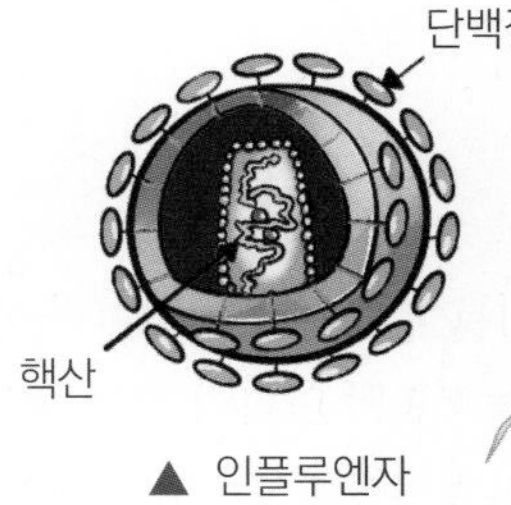

▲ 인플루엔자

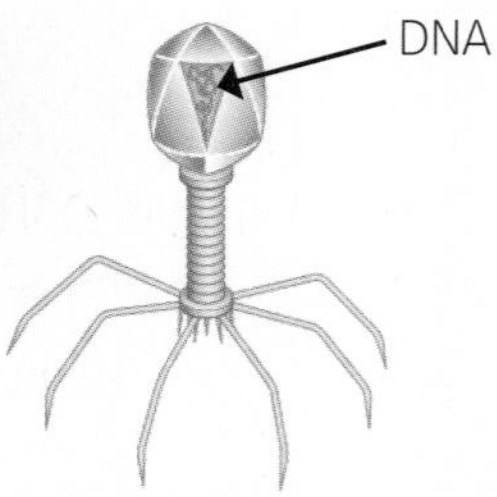

▲ 박테리오파지

**항생제의 발견, 행운이었지만 행운만 가져온 것은 아니었다.**

영국의 과학자 플레밍은 실험실 구석에서 푸른 곰팡이가 잔뜩 자라고 있는 실험용 접시를 발견하였다. 그 실험용 접시에서 푸른 곰팡이 주변에는 세균이 자라지 못하고 있는 것을 발견하고 푸른 곰팡이에서 최초의 항생제 페니실린을 개발하였다. 페니실린은 제 2차 세계대전 중 세균에 감염된 많은 부상자를 살렸고, 그 이후로도 수많은 전염병 환자의 목숨을 구할 수 있었다.

세균과 푸른 곰팡이 ▶

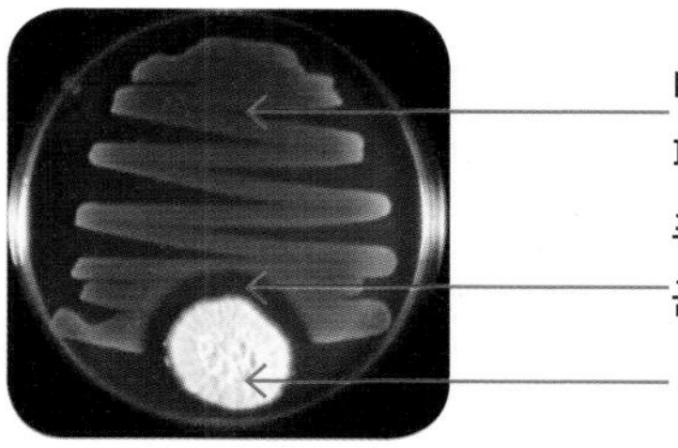


하지만 페니실린의 위대함은 과거에 그쳤다. 계속되는 항생제의 사용과 무분별한 오남용 등으로 세균들은 항생제에 빠르게 적응하여 많은 슈퍼박테리아(세균)가 계속해서 생겨나고 있다. 영국의 항생제 내성 대책 위원회 보고서에 따르면 슈퍼박테리아로 인해 2050 년에는 연간 천만 명이 사망할 수도 있다고 경고하고 있다.

(1) 세균과 바이러스가 공통적으로 가지는 특징은 무엇일까? [4 점]

(2) 항생제에도 죽지 않는 슈퍼박테리아(세균) 문제를 해결하기 위해 바이러스를 이용하여 세균을 공격하는 연구를 하고 있다. 주어진 글을 참고하여 어떤 바이러스가 세균을 공격할 수 있을지 써 보고, 그 바이러스를 이용하여 세균을 죽일 수 있는 이유는 무엇인지 설명하시오. [6 점]

**04.** 다음은 분자와 분자 사이의 힘인 수소 결합에 대한 설명이다. [10 점]

분자는 물질의 고유한 성질을 나타내는 가장 작은 입자이다. 물질을 이루는 분자는 더 작은 입자로 나누어지면 그 물질의 성질을 잃어버린다. 이러한 분자들은 정지해 있지 않고 끊임없이 스스로 움직인다. 분자의 운동은 온도가 높을수록, 분자의 질량이 작을수록 빠르다. 또한, 물질의 상태가 고체, 액체, 기체의 순으로 빠르다. 분자가 스스로 운동하기 때문에 나타나는 현상에는 증발, 확산 등이 있다.

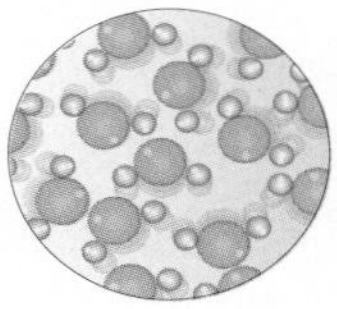
▲ 물

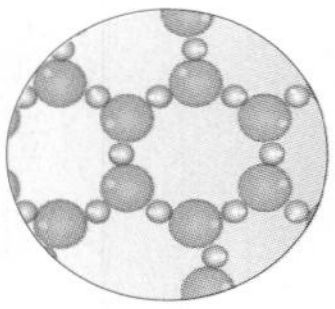
▲ 얼음

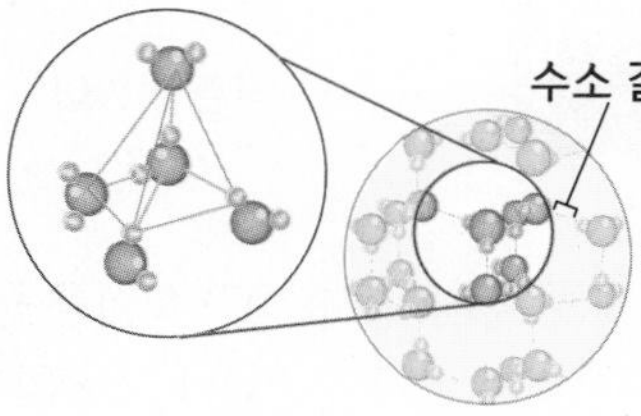

▲ 얼음 구조

지구 상에 가장 많이 존재하는 물도 분자로 되어 있다. 물 분자는 다른 액체 분자와 달리 물 분자 사이에 수소 결합이라는 힘이 작용한다. 수소 결합은 물 분자의 수소 원자와 이웃한 또 다른 물 분자의 산소 원자 사이에 작용하는 인력이다. 물은 이러한 인력 때문에 녹는점과 끓는점, 비열이 높은 특성을 가진다. 또한, 물이 얼음으로 상태 변화를 하면 분자 1 개 당 4 개의 다른 분자와 수소 결합을 하여 정사면체 구조를 만든다. 정사면체 구조가 연속적으로 이어지면 빈 공간이 많은 육각고리 모양이 되어 부피가 커진다. 따라서 얼음은 물보다 밀도가 작아 물 위에 뜨게 된다.

(1) 사람들은 목욕탕에 가면 100 ℃ 가 넘는 뜨거운 방에서 땀을 내는 것을 좋아한다. 하지만 60 ℃ 정도밖에 되지 않는 뜨거운 물에 손을 넣으면 화상을 입는다. 그보다 온도가 높은 뜨거운 방 내부에서는 화상을 입지 않는 이유가 무엇일까? 그 이유를 분자와 관련지어 설명하시오. [5 점]

(2) 우리 주변에서 얼음이 물보다 가볍기 때문에 일어나는 현상에는 무엇이 있을지 써 보시오. [3 점]

(3) 물은 우리 몸에서 70 % 를 차지하는 중요한 물질이다. 이러한 물이 사람의 생존에 어떤 영향을 미칠 수 있는지 설명하시오. [2 점]

**05.** **한국 청소년들 대부분은 스마트폰을 가지고 있다. 스마트폰에 관한 다음 글을 읽고 물음에 답하시오.** [8 점]

한국청소년정책연구원이 전국의 학생들을 대상으로 설문한 결과에 따르면, 청소년들의 26.8 % 는 전화나 문자가 오지 않아도 스마트폰을 계속 확인해야 마음이 편하며, 11.1 % 는 전화벨이 울리는 착각을 자주 한다고 대답했다. 이 수치는 해마다 계속 올라가고 있다. 휴대전화는 처음에 경찰이나 의사처럼 위급하고 위험한 일을 하는 사람들만 쓰던 첨단 기기였다. 스마트폰은 이러한 휴대전화를 넘어서는 더 발달된 첨단 기기이다.

스마트폰의 사용이 증가하면서 '팝콘 브레인' 이라는 용어가 생겼다. 팝콘 브레인은 팝콘이 고소한 냄새를 내며 터지듯 크고 강렬한 자극에만 우리의 뇌가 반응하는 현상을 말한다. 이 증상은 스마트폰과 같은 전자 기기를 지나치게 사용하면 뇌에 큰 자극이 지속적으로 가해지면서 단순하고 평범한 일상생활에 흥미를 잃게 되는 것으로 나타난다. 우리의 몸이 계속해서 강한 자극을 원하게 될 때, 우리의 몸은 '중독' 된 것이다. 인터넷에 접속하지 않으면 마음이 불안해지고 견딜 수가 없는 증상을 '인터넷 중독 장애(IAD)' 라고 부른다. 예전에는 인터넷 중독의 주범으로 컴퓨터가 지목되었지만, 이제는 스마트폰이 그 자리를 넘겨받았다.

**(1) 다음은 파장에 따른 여러 종류의 전자파를 나타낸 그림이다. 전자파 중 적외선보다 파장이 긴 전자파는 주로 통신에 이용되는 전파이다. 전파 중 마이크로파는 스마트폰(휴대전화)과 전자레인지에 이용된다. 전자레인지에서 마이크로파는 전자레인지 안의 음식물에 여러 방향으로 투과되어 음식물 안에 있는 물 분자로 에너지를 전달한다. 물 분자는 전달된 에너지로 운동을 하여 열이 발생하고 그 열로 음식이 데워진다. 그렇다면 스마트폰에서도 이용되는 마이크로파는 왜 우리 몸에 해로울지 다음 그림을 참고하여 설명해 보시오. (단, '파장' 또는 '진동수' 의 단어를 포함시켜야 한다.)** [4 점]

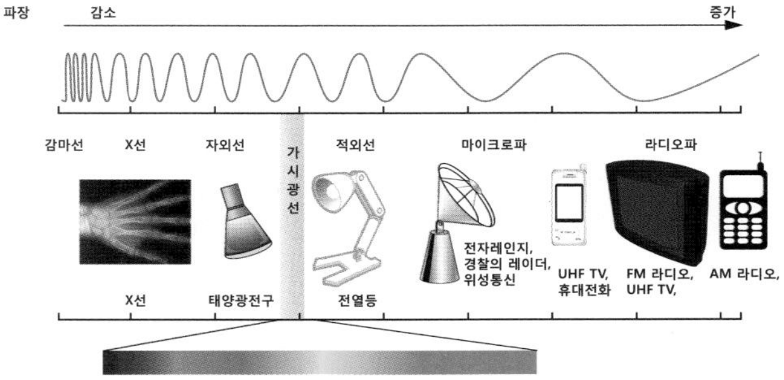


**(2) 스마트폰 중독에 빠지지 않기 위해 자신만의 규칙을 5 가지 이상 만들어 보시오.** [4 점]

# 3 | STEAM(융합)

## 06. 다음은 쓰고 버려지는 플라스틱에 관한 내용이다. [12 점]

지구에서는 매년 800만 톤에 달하는 플라스틱이 바다에 버려지고 있다. 북태평양 해상에는 대부분이 한국과 중국, 일본에서 버려진 플라스틱 쓰레기로 되어 있고 한반도 면적의 7 배인 거대 태평양 쓰레기 더미(GPGP : Great Pacific Garbage Patch)가 생기기도 했다.

▲ 태평양 쓰레기 더미

더 심각한 문제는 미세 플라스틱이다. 미세 플라스틱은 5 mm 미만의 작은 플라스틱으로 처음부터 미세 플라스틱으로 제조되거나, 플라스틱 제품이 바다로 유입되어 태양 빛이나 파도 등에 의해 쪼개지면서 생성된다. 미세 플라스틱 중에서 마이크로비즈(Microbeads)라고 불리는 플라스틱은 크기가 1 mm 보다 작은 플라스틱으로 보통 폴리에틸렌으로 만들어진다. 마이크로비즈(Microbeads)는 뛰어난 세정력을 가지고 있어 치약에 넣어 치아 표면을 연마하는 기능으로 세정력을 높이거나 세안제에 넣어 피부와의 마찰로 각질을 제거하는 효과를 얻어 왔다. 하지만 이렇게 작은 미세 플라스틱은 하수 처리 시설에서도 걸러내기 힘들 정도로 미세하고, 가벼워서 잘 가라앉지도 않기 때문에 대부분 그대로 강과 바다로 흘러 들어간다.

▲ 미세 플라스틱 알갱이가 들어 있는 치약

강과 바다로 흘러 들어간 미세 플라스틱이 바닷새에게는 작고 반짝이는 먹이로 보여 플라스틱을 주식처럼 먹고 있으며, 거북이는 작은 비닐을 해파리로 오인해 먹이로 먹고 있다고 한다. 2050 년이 되면 바닷새의 99.8 % 가 플라스틱을 먹어 해를 입게 될 것이라는 연구 결과도 있다. 이 같은 문제의 심각성 때문에 전 세계적으로 물로 씻어내는 제품에 미세 플라스틱을 사용할 수 없도록 했으며, 우리나라의 경우 2017 년 7 월부터 화장품과 치약에 사용할 수 없도록 규정하고 있다. 또한, 미세 플라스틱은 플라스틱 제품이 쪼개져 생길 수 있으므로 미세 플라스틱을 줄이기 위해서는 플라스틱 제품의 사용을 줄여야 한다.

(1) 다음 그림은 태평양의 해수 표면에서 일정한 방향으로 나타나는 지속적인 해수의 수평적인 흐름을 나타낸 그림이고, ㉠, ㉡, ㉢ 은 해면 상의 위치이다. 이 그림을 보고, 다음 두 개의 질문에 대해 답하시오. [7 점]

1) 위의 주어진 그림에서 북아열대 순환을 일으키는 해류인 북태평양 해류, 캘리포니아 해류, 북적도 해류, 쿠로시오 해류가 각각 난류와 한류 중 무엇일지 쓰시오. [3 점]

| | |
|---|---|
| 난류 | |
| 한류 | |

2) 해류의 영향으로 각 나라에서 버려지는 플라스틱 쓰레기가 북태평양 어딘가로 모여들어 한반도 면적의 7 배인 거대 태평양 쓰레기 더미(GPGP)를 만들었다면 그림에서 태평양 쓰레기 더미가 만들어질 수 있는 위치를 찾아 기호로 쓰고, 그 이유를 설명하시오. [4 점]

(2) 2016 년 일본에서 페트병을 분해하는 세균인 이데오넬라 사카이엔시스(Ideonella sakaiensis)가 발견되었다. 이 세균이 가지고 있는 효소(PETase)는 페트병을 이루고 있는 PET(폴리에틸렌테레프탈레이트)를 가수 분해하고, 그 결과 얻은 물질을 에너지원으로 사용하거나, 세균이 살아가는 데 필요한 단백질로 합성한다. 이 세균 1 개의 군체는 그래프와 같이 약 2 개월 동안 60 mg 의 페트병을 분해할 수 있다고 밝혀졌다. 하지만 현재 우리가 사용하고 있는 플라스틱 양에 비하면 세균에 의한 분해 속도가 너무 느려 상용화가 될 가능성이 낮다. 그렇다면 이 세균의 플라스틱 분해 효율을 높일 수 있는 방법에는 무엇이 있을까? [5 점]

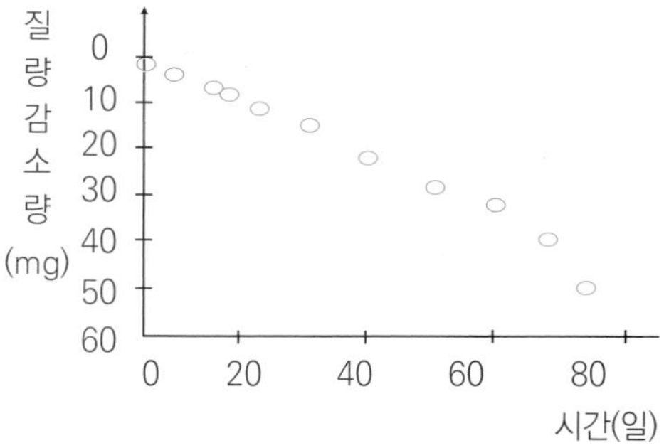


▲ 세균의 페트병 분해 실험 결과

# 3 | STEAM(융합)

## 07. 다음 글을 읽고 물음에 답하시오. [12 점]

날아오는 야구공을 방망이로 치면 야구공의 속도가 변합니다. 이것은 방망이가 짧은 시간 동안 야구공에 힘을 작용하여 운동상태를 바꾸기 때문입니다. 이렇게 힘을 작용하여 물체의 운동상태가 변할 때, 가해준 충격의 양을 충격량이라고 합니다.

상대방이 던진 야구공을 받을 때 어떤 자세로 받던지 충격량은 같습니다. 하지만 손을 뒤로 빼면서 야구공이 멈추는 데 걸리는 시간을 길게 하면 작용하는 힘이 작아져서 손바닥이 덜 아프게 됩니다.

◀ 외야수가 날아오는 야구공을 잡는 모습

**"충돌 때 많이 찌그러지는 차가 더 안전?"**

가끔 자동차 충돌 사고를 보면 자동차의 앞이나 뒤가 많이 찌그러지거나 부서진 모습을 볼 수 있습니다. 심지어는 자동차와 오토바이가 부딪쳤는데도 자동차가 더 많이 부서지기도 합니다.

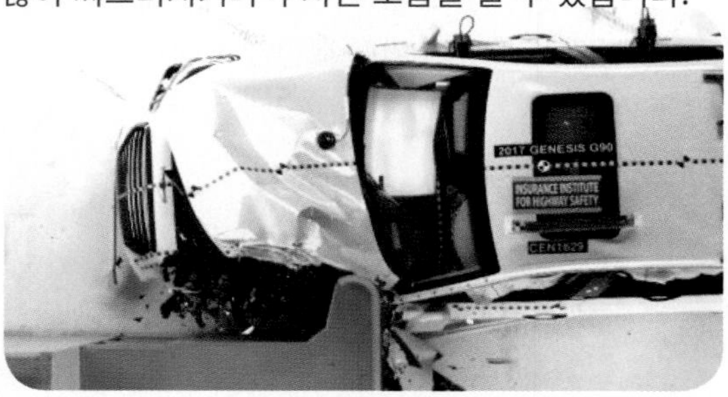


▲ 충돌 후 찌그러진 자동차

왜 그럴까요? 자동차를 약하게 만들고, 오토바이는 튼튼하게 만들어서 그럴까요? 고급 차가 아니었기 때문에 그럴까요?

고급차량도 충돌 때 앞뒤 부분이 많이 찌그러집니다. 충돌 후에 많이 찌그러져 버린다고 등급이 낮은 차가 아닙니다.

1950 년대까지만 해도 자동차는 튼튼해야 안전하다고 사람들은 믿었습니다. 그러나 메르세데스 벤츠의 엔지니어였던 벨라 바레니가 충돌은 흡수할수록 운전자나 승객이 안전해진다고 주장하면서 '크럼플존(Crumple zone)' 이론이 등장하게 되었습니다.

'크럼플존'이란 '구겨지다'라는 뜻의 단어 그대로 외부에서 일정한 충격이 가해졌을 때 탑승자에게 전해지는 충격을 줄이기 위해 구겨지는 구역을 말합니다. [발췌 : 20XX.02.27 아시아 경제]

정답 및 해설 / 예시 답안 > P. 76

(1) 한 사람은 책상 위로 올라가서 달걀을 떨어뜨리고, 다른 한 사람은 책상 밑에서 두 손으로 달걀을 받는 실험을 한다. 다음 경우에 달걀이 어떻게 될지 결과를 예상하여 쓰시오. [2 점]

① 두 손으로 달걀을 받지 못하고 바닥으로 떨어뜨렸다.

② 달걀이 손에 닿을 때 손을 밑으로 내리면서 받는다.

③ 두 손 위에 두꺼운 쿠션을 올려 두고 달걀을 받는다.

④ 두 손위에 두꺼운 백과사전을 올려 두고 달걀을 받는다.

(2) (1) 번 문제의 네 가지 경우 중 같은 결과가 나타나는 것끼리 묶고, 왜 그런 결과가 나왔을지 설명하시오. [2 점]

(3) 충돌 때 많이 찌그러지는 차가 더 안전할 수 있는 이유는 무엇일까? [4 점]

(4) 자동차 안에 있는 장치 중 충격량을 흡수해 우리를 안전하게 하는 것에는 또 무엇이 있을지 써보시오. [4 점]

## 08. 다음은 소리와 악기에 대한 설명이다. 다음 글을 읽고 물음에 답하시오. [12 점]

소리는 물체의 진동이 주변의 매질(기체, 액체, 고체 등)에 전달되면서 전파된다. 물체가 진동하면 소리가 발생하고, 주위 공기를 진동시킨다. 공기의 진동이 귓속으로 전달되어 고막을 진동시킨다. 고막의 진동이 대뇌로 전달되면 우리는 '소리를 들었다'고 말한다.

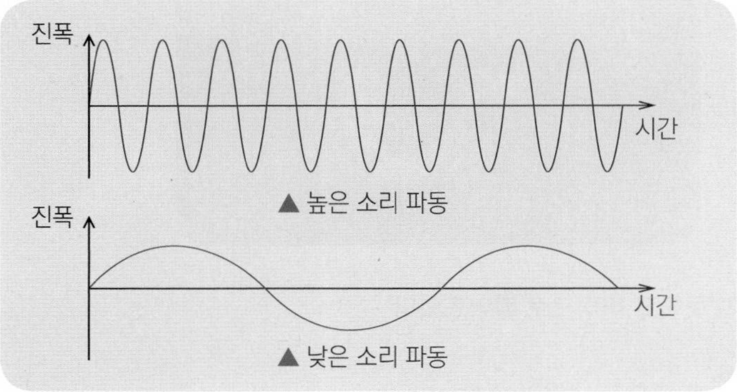

▲ 높은 소리 파동
▲ 낮은 소리 파동

소리를 들었을 때 높은 소리라고 느낄 때는 1 초당 소리가 공기를 빠르게 진동시킬 때이다. 반대로, 낮은 소리라고 느낄 때는 느리게 진동시킬 때이다.

**"풀피리는 우리 민속 음악이자 국악기의 한 종류"**

- 서울시 무형문화재 제 24 호 초적 예능보유자 박찬범 명인

풀잎 한 장으로 자연의 소리를 내는 이가 있다. 그는 별도의 악기를 손에 쥐고 있지 않아도 신명 나는 공연을 청중에게 선보인다. 시간과 공간을 굳이 따질 필요도 없다. 풀피리 연주가 박찬범 명인이 바로 그다. 박 명인은 서울시 무형문화재 제 24 호 초적(풀잎피리) 예능 보유자다.

조선시대 높은 위상을 차지했던 풀피리는 일제강점기에 살짝 빛을 봤다가 해방 후 거의 자취를 감추듯 했다. 하지만 박 명인은 묻혀있던 고 강춘섭의 음악 '인생칠십고래희'를 발굴하고, 음 하나하나를 연구해 풀피리 연주의 수준을 높였다. [발췌 : 20XX.05.29 천지일보]

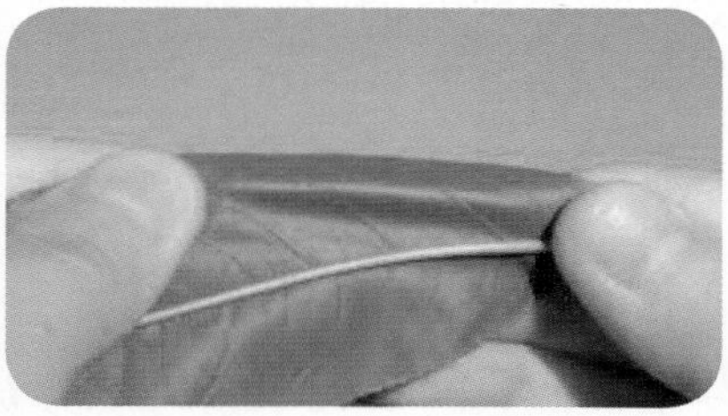
▲ 풀피리를 잡는 법

▲ 풀피리를 부는 모습

관악기에는 열린관과 닫힌관이 있다. 열린관은 파이프의 양쪽이 열려있는 것이고, 닫힌관은 파이프의 한쪽만 열려있는 것이다. 관 안에서 열린관과 닫힌관은 각각 다음 그림과 같이 진동한다.

▲ 열린관

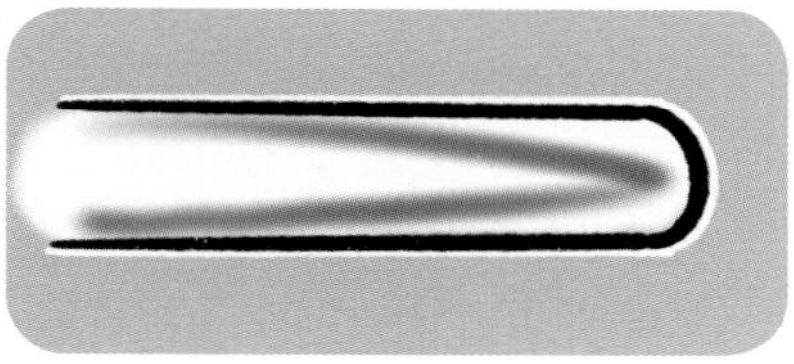

▲ 닫힌관

열린관에서 가장 낮은 음이 '도 ①' 이라고 하면, '도 ①' 의 진동수(1 초당 진동하는 횟수)의 2 배는 한 옥타브 위의 '도 ②' 이다. '도 ①' 의 진동수의 3 배는 한 옥타브 위의 '솔 ②' 이다.

(1) 풀피리는 어떻게 소리가 나는 것인지 설명하시오. [3 점]

(2) 풀피리가 높은 음을 내려면 어떻게 하면 될지 쓰시오. [3 점]

(3) 절대음감을 가진 한 음악가가 대나무숲을 산책하던 중에 대나무 관을 발견하여 불어보았다. 대나무 관을 불자 처음에는 524 Hz 의 진동수인 '도' 음이 났고, 그다음엔 783 Hz 의 진동수인 '솔' 음이 났다. 또 불어보니 처음 불었던 '도' 음보다 한 옥타브 낮은 '도' 음이 났는데, 이 '도' 음은 1 초당 몇 번 진동할까? [3 점]

(4) 알고 있는 관악기 한 가지를 쓰고, 그것이 열린관 악기인지 닫힌관 악기인지 악기의 생김새를 이용해 설명하시오. [3 점]

# 3 | STEAM(융합)

## 09. 다음 글을 읽고 물음에 답하시오. [8 점]

**장애인 삶으로 들어온 따뜻한 기술, 일상을 바꾸다**

시각장애인 엄마로 육아에 어려움을 겪었던 조 씨는 AI 스피커를 통해 엄마로서 아이에게 더 많은 것을 해 줄 수 있게 되었다. "남들에게 편한 터치 방식이 시각장애인에게는 오히려 더 불편해졌거든요. 손끝의 감각만으로 전자제품을 작동해야 하는데, 터치 버튼은 감각을 느낄 수가 없어요. 그런데 AI 스피커 덕분에 아이에게 공기 청정기를 틀어 주는 것도, 동화책을 들려주는 것도, 조명을 켜고 끄는 것도 말 한마디로 할 수 있게 됐어요. 말로 하니까 정말 편해졌어요."

7 년 전 자전거 사고로 척수장애인이 된 아빠 이 씨는 AI 스피커와 IoT 서비스를 통해 혼자서 할 수 있는 일들이 많아졌다. "혼자서는 방안에 조명조차 끄기 힘들었죠. 무엇보다 남들이 모르는 가장 큰 어려움은 신경 손상으로 체온조절이 어려워 일 년 내내 선풍기로 체온을 조절해야 하는데, 늘 아이들에게 부탁해야만 했어요. 하지만 이제 제 말 한 마디로 선풍기도 작동하고 조명도 켜고 끌 수 있게 됐어요." [발췌 : 20XX.12.28 한국일보]

**공급자 논리가 낳은 차별…노인들을 위한 디지털 기술은 어디에?**

- 온라인을 통한 각종 예약과 키오스크 이용 등 노년층에게는 장벽

서울 종로 인근의 한 패스트푸드점. 사람이 주문을 받던 카운터 앞에 '지금은 셀프 오더 타임'이라는 간판이 서 있다. 마치 함부로 카운터 앞에 서서 주문하지 말라는 '경고문'같다. 85 세 허 씨는 카운터 옆 무인 포스(키오스크)기 옆에서 난감해 하다 결국 한 중년 남성에게 부탁해 주문할 수 있었다. 허 씨는 "노인이라 못한다고 했지만, 직원이 기다리라는 말만 하고 거들떠보지도 않았다"며 "불쾌했지만, 약속장소라 나갈 수도 없었다"고 말했다.

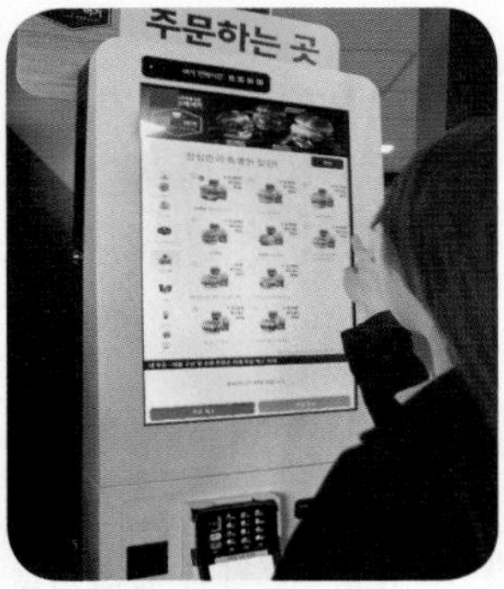


▲ 키오스크를 이용하여 주문하는 모습

키오스크에 손이 닿기 어려운 어린이나 휠체어를 탄 장애인도 불편하기는 마찬가지다. 한 40 대 회사원은 "아이의 주문을 도와주기 위해 한참을 힘들게 안고 있어야 했다."고 말했다.

기차표를 앱으로 예매하지 못할 경우 설과 추석 같은 '대목'엔 서서 가야 한다. 명절 기차표 물량의 93 % 가 PC 와 모바일 기기를 이용한 온라인 예약으로 바뀌면서 이에 익숙하지 않은 노년층에게는 입석만 남는다. [발췌 : 20XX.03.02 경향신문]

**마우스의 종말?**

- 동작 감지 기술

동작 감지 기술(모션 인식 기술)은 어떤 특정한 물체의 움직임과 위치 등을 읽는 센서들을 이용한 기술들을 말한다. 다양한 센서들 중 가장 많이 사용되고 있는 센서는 가속도를 측정하여 물체의 방향 변화를 알아내는 '자이로스코프(gyroscope)'와 지표면을 기준으로 가속도와 기울기를 이용하여 물체의 움직임을 알아내는 '가속도 센서'이다. SF 영화 속에서 손을 허공에 대고 움직이며 프로그램을 조정하거나 제품을 끄고 켜는 장면들이 이 센서들을 이용한 것이다. 대표적인 영화로 '마이너리티 리포트'가 있다.

▲ 모션 인식 기술

▲ Leap Motion 기술 (3 차원 동작 인식 기술)

(1) 동작 감지 기술을 이용해 테니스 게임을 만드려고 한다. 만약 자신이 동작 감지 기술을 다루는 공학자라면, 사람이 테니스 라켓을 세게 내려치는 것과 살살 내려치는 것을 컴퓨터가 어떻게 구별할 수 있게 할지 방법을 쓰시오. [4 점]

(2) 시각 장애인과 척수장애인, 그리고 노년층들에게 모션 인식 기술이 어떤 도움을 줄지 쓰고, 이 기술이 불편한 점이 있다면 다른 기술과 접목하여 어떻게 개선할 수 있을지 쓰시오. [4 점]

| 대상 | 도움이 되는 점 | 접목하면 좋을 기술 |
| --- | --- | --- |
| 시각 장애인 | | |
| 척수장애인 | | |
| 노년층 | | |

**10.** 다음은 중력과 우주에 관한 내용이다. 물음에 답하시오. [10 점]

**중력이 없는 세상**

우리는 지구의 중력 안에서 살고 있다. 지구가 잡아당기는 만유인력인 중력 때문에 물이 아래로 흐르고, 비가 내리고, 바람이 불며, 식물이 곧게 자라고, 땅을 딛고 걸어 다닐 수 있다. 그러나 지구에서 멀어지면 무중력 상태가 된다.

무중력 상태란 중력(만유인력)이 완전히 없어지는 상태는 아니므로 무중량 상태라고도 한다. 무게(중량)는 인력을 받고 있는 물체가 끌리거나 밀리는 힘의 크기이므로 인력이 없어지면 물체는 질량은 있어도 무게는 없는 상태가 된다.

중력을 받으면서 살던 사람이 무중량 상태에 오랫동안 노출되면 어떤 일이 일어날까? 심장의 수축 수가 줄고, 혈압이 내려가서 순환 장애를 일으키거나 뼈 속의 칼슘이 혈액 속에 용출되어 골다공증이 생기고, 호흡이 멎는 등의 악영향(우주병)이 일어난다. 또한, 지구에서보다 물체들이 가벼워지기 때문에 물건을 들어 올리거나 운동으로 생긴 몸의 근육이 점점 사라지게 된다.

**우주인들이 운동하는 법**

현재 우주인들이 우주에서 사용하는 운동 기구에는 세 가지가 있다.

① 첨단 저항 운동장치 (Advanced resistive exercise device)
바늘이 없는 주사기의 입구를 막고, 주사기의 손잡이를 잡아당기려고 하면 힘이 든다. 이 원리를 이용한 운동 기구이다. 진공 실린더를 이용해 저항이 있는 펌프를 만든 후, 그 펌프를 움직이면 마치 중력이 있는 지구에서 무거운 역기를 드는 것과 같은 효과를 준다.

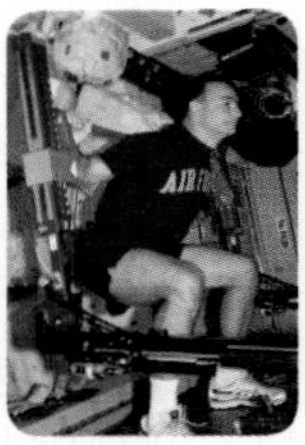

② 사이클 (Cycle Ergometer with Vibration Isolation and Stabilization System)
뼈와 근육 유지를 위한 유산소 운동에 쓰인다. 지구에서 타는 사이클과는 달리, 앉지 않고 벨트를 찬 뒤 서서 페달을 밟는 형태로 되어있다. 사이클을 이용해 운동할 때 진동이 우주선에 전달되지 않도록 진동을 제어하도록 설계되었다.

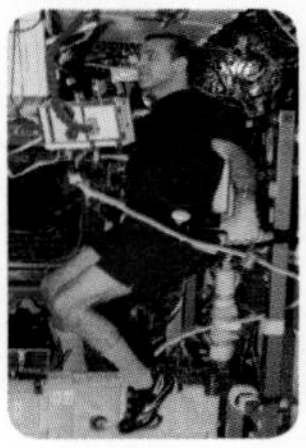

③ 트레이드밀 (Combined Bearing External Resistance Treadmill)
어깨와 허리를 감싸는 조끼 모양의 벨트를 입고 트레이드밀의 바닥에 달린 줄(번지)과 연결한다. 줄이 사람을 아래로 잡아 당리면서 운동 효과를 준다.

**인공중력, 우주 생활 불편 해소할 수 있다?**

무중력은 우주인의 건강을 위협하는 요소다. 스페이스에 따르면, 미국 항공 우주국(NASA)과 유럽 우주국(ESA)은 해당 문제를 해결하기 위해 '인공중력(Artificial gravity)'만들기에 박차를 가하고 있다.

그렇다면 인공중력은 어떻게 만들까? 우주 공간에서 우주선을 돌려 원심력을 이용, 바깥 쪽으로 쏠려 중력이 만들어진다. 우주선이 작다면 빨리, 크다면 천천히 돌려야 인공중력을 형성할 수 있다.

하지만 아직까지 인공중력을 만드는 데엔 한계가 있다. 우주선으로 인공중력을 만들기 위해선 상당량의 추진제와 고효율 엔진이 필요한데 이 자체가 아직 개발되지 않았다. 그렇지만 NASA 연구진을 포함한 전문가들이 우주비행으로 인한 해로운 영향을 극복할 수 있는 대안으로 인공중력을 이야기하는 만큼, 미래의 우주선에는 인공중력이 적용될 확률이 높다. [발췌 : 20XX.04.09 전자신문]

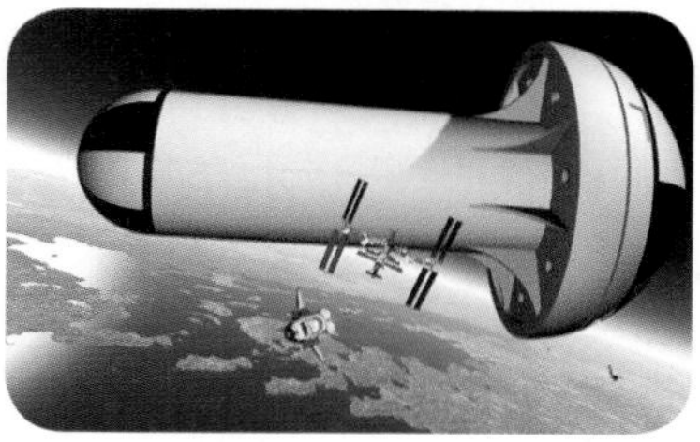

▲ 미국 우주 항공 회사에서 발표한 인공중력이 있는 우주 정거장

(1) 우주선에서 우주인들이 사용하는 기구에 진공 실린더, 벨트, 줄(번지) 등이 왜 있어야 하는지 설명하시오. [3 점]

(2) 우주에 나가기 전, 지구에서 다음 그림과 같은 모습으로 우주에서 사용하는 트레이드밀의 운동 효율을 확인하는 실험을 진행한다고 한다. 왜 그림과 같이 줄에 매달린 채로 실험하는지 설명하시오. [4 점]

(3) 우주에서 인공중력을 만들어내는 우주 정거장이 세워진다면 위 글에서 나온 우주인들이 쓰는 운동기구와 어떤 점이 달라지고, 왜 그렇게 생각하는지 이유와 함께 쓰시오. [3 점]

**11.** 다음은 사람의 폐에서 호흡하는 방법을 설명한 글이다. 참고하여 물음에 답하시오. [10 점]

**호흡**

폐는 근육이 없어 스스로 운동하지 못한다. 따라서 갈비뼈와 가로막의 상하 운동에 의해 흉강의 부피 조절을 통해 압력의 변화를 일으킴으로써 공기의 출입이 이루어지도록 한다.

**호흡과정**

- 들숨

외늑간근 수축, 내늑간근 이완 → 갈비뼈 상승 → 가로막 수축으로 인한 가로막 하강 → 흉강내 압력 감소 → 폐의 팽창으로 폐의 압력이 대기압보다 낮아짐 → 공기가 외부에서 폐로 들어옴

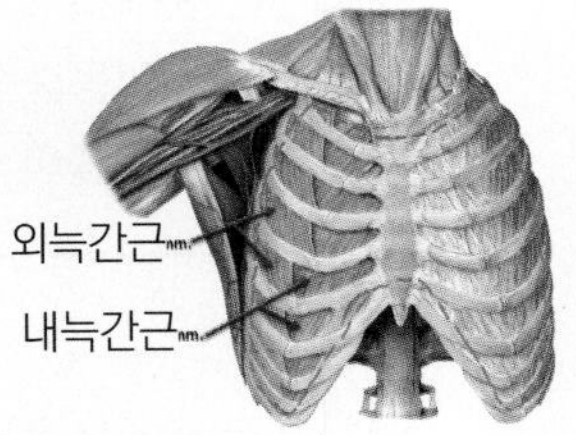


- 날숨

외늑간근 이완, 내늑간근 수축 → 갈비뼈 하강 → 가로막 이완으로 인한 가로막 상승 → 흉강 내 부피 감소 → 흉강 내 압력 증가 → 폐의 수축으로 폐의 압력이 대기압보다 높아짐 → 공기가 폐에서 외부로 나감

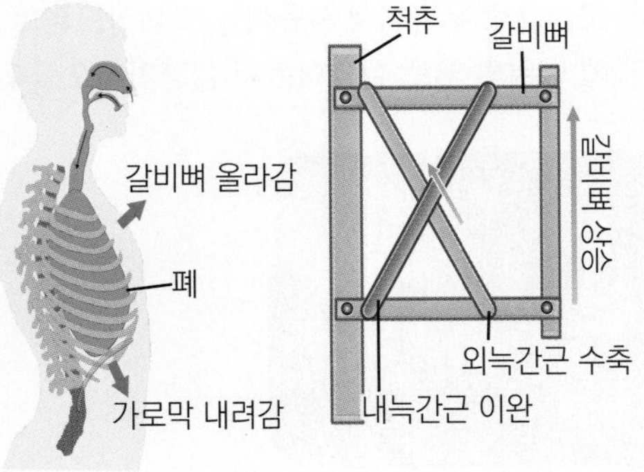


▲ 들숨

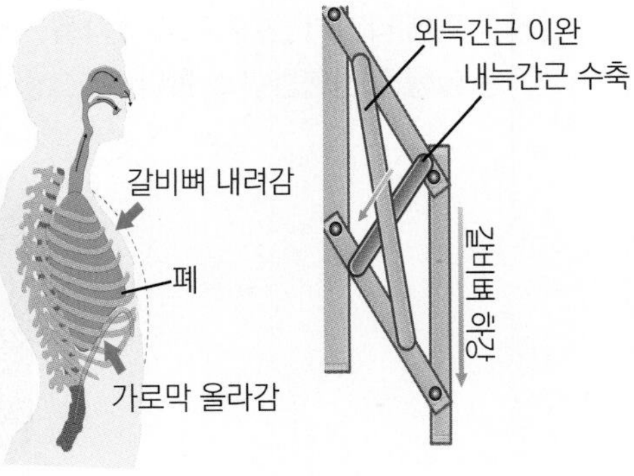


▲ 날숨

(1) 다음은 호흡 운동을 할 때 폐와 가로막을 모형으로 나타낸 모습이다. 고무 풍선에 바람을 불어넣지 않은 상태로 유리병에 넣고 고무막을 최대로 당긴 후의 유리병 속의 압력, 고무풍선 안의 압력, 대기의 압력의 크기를 비교해서 쓰시오. (단, 유리병은 충분히 크다.) [4 점]

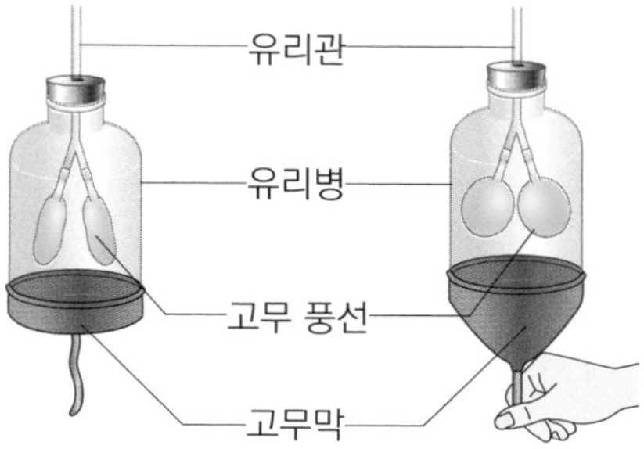


(2) 외국에서는 흔하게 풍선 속에 인형을 넣어 선물을 하거나, 풍선 속에 풍선을 넣어 장식을 한다. 풍선을 불지 않은 상태에서는 풍선이 잘 늘어나지 않아 안에 물건을 넣기 힘들고, 풍선을 불어서 물건을 넣으려고 하면 공기가 빠져나가서 힘들다. 그래서 고안된 상자가 '풍선 포장 상자(Balloon Stuffer)' 이다. 호흡 운동의 원리를 이용해 자신만의 '풍선 포장 상자(Balloon Stuffer)' 를 고안해 보고 구조와 작동법을 설명하시오. [6 점]

▲ 포장된 인형

▲ 풍선 속 풍선

**12.** 다음은 사람 피부의 감각점에 대한 내용이다. 글을 읽고 물음에 답하시오. [8 점]

**피부의 감각점**

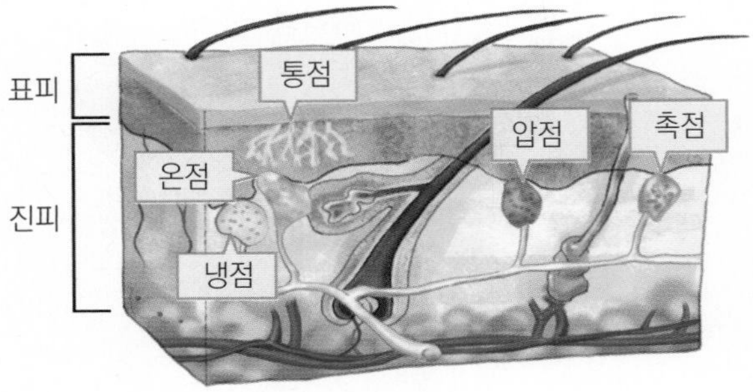


▲ 피부 감각점 분포

피부의 진피에 분포한 감각점은 점 모양을 띠며, 통점 · 촉점 · 압점 · 온점 · 냉점이 있다. 통점은 아픔(통각), 촉점은 물체가 닿는 느낌(촉각), 압점은 누르는 압력(압각), 온점은 따뜻함(온각), 냉점은 차가움(냉각)을 느낀다.

자극은 각 감각점을 통해 수용되어 중추에 전달된다. 자극이 오면, 여러 점이 한꺼번에 흥분해 넓은 범위에 거쳐 자극을 받은 것 처럼 느낀다. 가장 많은 감각점은 통점으로 몸 표면 1 $cm^2$ 당 평균 100 ~ 200 개가 분포하며, 이어서 압점이 100 개, 촉점이 25 개, 냉점이 6 ~ 23 개, 온점이 0 ~ 3 개 분포한다. 몸의 부위에 따라 감각점의 분포 수가 다른데, 감각점이 많이 분포할수록 예민하다.

(1) 무한이가 무거운 가방을 메고 가다 보니, 가방끈에 눌려 아프다는 느낌을 받았다. 이때 자극을 가장 많이 받은 감각점 세 가지를 쓰시오. [3 점]

정답 및 해설 / 예시 답안 ·············> P. 80

(2) 다음은 사람의 감각점의 분포를 상대적으로 나타낸 그림인데, '호먼큘러스' 라고 한다. 상대적으로 감각점이 많이 분포된 곳은 크게 표현했다. 손의 감각점은 상대적으로 얼마나 많을지 생각하며 손을 그려서 그림을 완성하시오. [5 점]

# 4 | 심층 면접

**13.** 화장품이나 신약 개발을 할 때, 동물들에게 화장품을 발라보거나 약을 투여해 미리 위험성을 알아본다. 동물 실험을 하는 것에 대해 찬성하는지 반대하는지 자신의 의견을 이유와 함께 말해 보시오. [6 점]

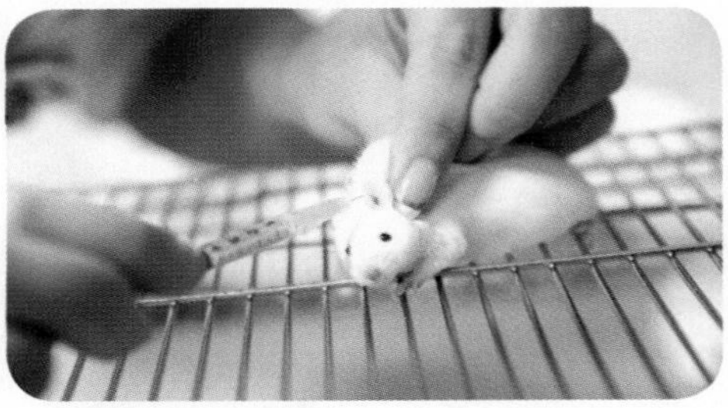

**14.** 무한이네 학교에서는 매년 가을 축제를 한다. 축제 장기자랑 시간에 무한이네 반은 모든 반 아이들이 함께 춤을 추기로 했다. 주말에 다 같이 모여 춤 연습을 할 때 반장인 무한이가 음악과 함께 참고할 동영상을 가지고 가기로 했다. 하지만 무한이는 주말에 영재교육원 수업에서 발표를 해야한다. 자신이라면 어떻게 할지 이유와 함께 말해 보시오. [5 점]

**15.** 다음 글을 읽고 질문에 답하시오.

> 상대성 이론으로 유명한 20 세기 최고의 물리학자 아인슈타인에게 어느날 제자들이 질문했다. "선생님은 이미 그렇게 해박한 지식을 가지고 계시는데 어째서 배움을 멈추지 않으십니까?"
> 그러자 아인슈타인은 미소를 지으며 대답했다. "이미 알고 있는 지식이 차지하고 있는 부분을 '원'이라고 한다면 '원'밖은 모르는 부분이 됩니다. '원'이 커지면 '원'의 둘레도 늘어나 접촉할 수 있는 미지의 부분이 더 많아지게 됩니다. 지금 저의 '원'은 여러분들 것보다 크다고 하겠지만 제가 접촉할 미지의 부분이 여러분보다 더 넓고 많습니다. 그건 결국 모르는게 더 많다고 할 수 있습니다."

**아인슈타인의 대답을 통해 생각해 볼 수 있는 연구자의 바람직한 자세를 말해 보시오. [4 점]**

정답 및 해설 / 예시 답안 ··············> P. 81

## 16. 다음 글을 읽고 질문에 답하시오.

배리어 프리란 <장벽 없는 건축 설계(barrier free design)>에서 시작된 개념으로 원래는 건물이나 거주환경에서 층을 없애는 등 장애가 있는 사람을 위해 생활을 하는 데 물리적인 장애(barrier)를 제거한다는 의미로 사용되었다.

최근에는 모든 분야에서 이 개념이 사용되고 있다. 주택이나 도로 등에서의 물리적 장벽뿐 아니라 자격과 시험 등을 제한하는 제도적인 장벽, 차별과 편견과 같은 의식상의 장벽까지 제거하자는 움직임이 선진국을 중심으로 일고 있다.

**'배리어 프리' 가 우리 사회에서 필요한 이유를 2 가지 말해 보시오. [5 점]**

## 17. 다음 글을 읽고 질문에 답하시오.

식량 문제를 해결할 수 있는 대안으로 떠오르고 있는 유전자 조작 농산물(GMO : Genetically Modified Organism)을 들어 보았는가? 유전자 조작 농산물은 생산량 증가 또는 편의를 위하여 유전 공학 기술을 이용하여 새로운 형질이나 유전자를 지니도록 개발된 농산물 또는 식품을 말한다. 외국에서는 콩의 유전자를 조작하여 콩의 생산량을 기존보다 3 배나 증가시켰다. 하지만 유전자 조작 식품은 안전성에 대한 논란이 많다. 유전자 조작 식품을 반대하는 이들은 이 식품을 '프랑켄 푸드(Franken food)' 즉, 괴물 식품이라는 뜻으로 부른다. 자연적으로 존재하는 본래의 성질을 인위적으로 변화시키고, 생태계의 질서를 파괴하는 유전자 조작은 각종 돌연변이를 낳아 부작용을 초래한다고 주장한다.

**유전자 조작 식품(GMO)에 대하여 찬성과 반대 중 한 가지 입장을 선택하고, 적절한 근거를 들어 이야기하시오. [6 점]**

# 4 | 심층 면접

**18.** 다음 글을 읽고 질문에 답하시오.

> "다음 생에 성적 소수자나 이주민, 장애인으로 태어나고 싶니?"라는 질문을 받는다면 선뜻 "그렇다"고 대답할 수 있는 사람은 없을 것이다. 그 이유는 질문 속 사람들이 이 사회에서 살아가기가 그리 쉽지 않은 사회적 약자이기 때문이다. 사회적 약자나 소수자는 경제 수준이나 사회적 지위 등에서 열악한 위치에 있어 배려와 보호의 대상이 되는 개인이나 집단을 말한다. 그러나 누가 사회적 약자나 소수자가 되는지는 그 사회의 정치·경제·사회·문화적 상황에 따라 달라질 수 있다. 한 사회에서 누가 지배적인 힘을 가지고 있느냐에 따라 힘을 가지지 못한 쪽은 사회적 약자, 즉 소수자가 된다.

**우리가 사회적 약자를 배려하고 보호해야 하는 이유 2 가지를 말해 보시오. [4 점]**

**19.** 무더위에 지친 가족을 위해 전기의 도움 없이 집안의 온도를 낮출 수 있는 방법을 3 가지 쓰고, 이유를 설명하시오. [5 점]

정답 및 해설 / 예시 답안 ……………> P. 83

**20.** 다음 글을 읽고, 세종대왕에게서 배울 수 있는 점을 2 가지 말해보시오. [5 점]

세종의 책 읽는 방법은 바로 백독백습(百讀百習)이다. 이것을 우리말로 풀이해 보면, 백 번 읽고 백 번 쓴다는 뜻이 된다. 세종은 책 한 권을 읽더라도 그 내용을 숙지하지 못하면 안 읽은 것과 다를 바 없다고 여겼다. 이것은 틀린 말이 아니다. 한 권을 보더라도 그 한 권을 정확히 이해하고 숙지한다면, 여러 권을 의미 없이 읽은 것보다 훨씬 더 도움이 되기 때문이다.

# memo

CREATIVE + THINKING!